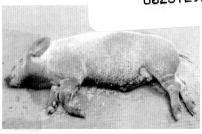

彩图1　猪瘟：皮肤有出血点和出血斑　彩图2　猪瘟：眼结膜发炎、潮红

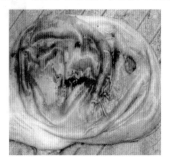

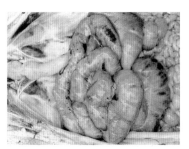

彩图3　猪瘟：胃底部黏膜出血、溃疡　彩图4　猪瘟：肠浆膜出血

彩图5　猪瘟：肾脏色泽变浅，
皮质部、肾盂和肾乳头出血　　彩图6　猪瘟：脾脏边缘梗死灶

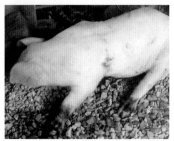

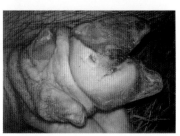

彩图7　猪口蹄疫：蹄部溃烂　　彩图8　猪口蹄疫：蹄叉部溃烂

彩图9 猪口蹄疫：蹄冠部有
水疱和蹄壳脱落

彩图10 猪繁殖与呼吸综合征：
耳朵皮肤发绀

彩图11 猪繁殖与呼吸综合征：
皮肤发红

彩图12 猪繁殖与呼吸综合征：
皮肤发绀

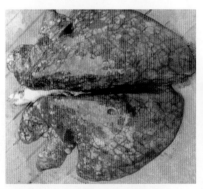

彩图13 猪繁殖与呼吸综合征：
肺出血，间质性肺炎

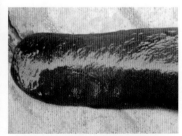

彩图14 猪繁殖与呼吸综合征：
脾脏边缘或表面有梗死灶

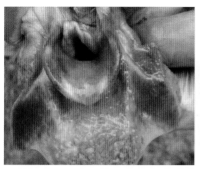

彩图 15　猪繁殖与呼吸综合征：
喉、会厌、扁桃体出血

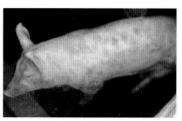

彩图 16　猪丹毒：皮肤
出现疹块

彩图 17　猪丹毒：心脏瓣膜有
疣状赘生物

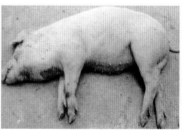

彩图 18　猪肺疫：咽喉部水肿，
皮肤出现紫红斑

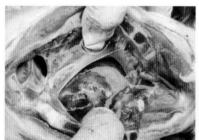

彩图 19　猪链球菌病：心包
积液，有纤维性物

彩图 20　猪传染性胸膜肺炎：
慢性消瘦，咳嗽

彩图 21 猪传染性胸膜肺炎：胸腔 　　彩图 22 猪副伤寒：耳呈紫色，
积液，胸膜表面有纤维素性物 　　　　　　　黄绿色下痢

彩图 23 猪副伤寒：坏死性肠炎， 　　彩图 24 猪水肿病：眼睑、
黏膜表面覆有灰黄色伪膜 　　　　　　　　结膜水肿

彩图 25 猪水肿病：神经症状 　　彩图 26 猪水肿病：胃壁水肿

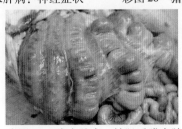

彩图 27 猪水肿病：结肠系膜水肿

经典实用技术丛书

猪病诊治一本通

席克奇 张玉科 安 犁 李树继 编著

机械工业出版社

本书主要内容包括猪传染病的流行与防控、猪病的诊断与投药、猪的免疫接种、猪病毒性传染病的诊治、猪细菌性传染病的诊治、猪寄生虫病的诊治、猪营养代谢病的诊治、猪中毒性疾病的诊治、猪其他普通病的诊治等，重点介绍了各种病的流行特点、临床症状、病理变化、鉴别诊断和防治措施。本书语言简明扼要、通俗易懂，内容系统，注重实际操作。

本书可供养猪生产者及畜牧兽医工作人员参考。

图书在版编目（CIP）数据

猪病诊治一本通/席克奇等编著. —北京：机械工业出版社，2017.3（2022.5重印）
（经典实用技术丛书）
ISBN 978-7-111-55462-2

Ⅰ.①猪… Ⅱ.①席… Ⅲ.①猪病–诊疗 Ⅳ.①S858.28

中国版本图书馆 CIP 数据核字（2016）第 279158 号

机械工业出版社（北京市百万庄大街22号　邮政编码100037）
策划编辑：周晓伟　郎　峰　责任编辑：周晓伟　李俊慧
责任校对：张　力　肖　琳　封面设计：马精明
责任印制：张　博
保定市中画美凯印刷有限公司印刷
2022 年 5 月第 1 版第 16 次印刷
140mm×203mm·5.875 印张·2 插页·162 千字
标准书号：ISBN 978-7-111-55462-2
定价：25.00 元

前　言

　　近些年来，我国广大农村养猪业飞速发展，逐渐步入规模化、集约化饲养和现代化生产，绝大多数的养猪场和养猪大户取得了较好的经济效益。但是，随着养猪生产的不断发展，增加了种猪和仔猪的流动性，为一些疫病的传播和流行创造了条件，尤其是饲养模式的改变，给养猪生产带来了一些不可回避的问题，那就是疾病的流行更加广泛，多种疾病在同一个猪场同时存在的现象十分普遍，混合感染十分严重，一些疾病出现了非典型和温和型。这些都给养猪场或养猪大户的疾病控制提出了新问题，特别是很多疾病在临床上有很多相似的症状，给疾病的现场诊断带来很大困难。目前，我国猪场中疾病诊断仍然比较落后，尤其缺乏实验室诊断手段，不能及时、准确地对疾病进行确诊。而疾病发生后，迅速诊断是控制疾病的前提，尤其对于一些传染性疾病来讲，只有尽早做出诊断，及时采取有效措施，才能将损失降到最小。基于这种现状，编者学习和参考中外猪病防治专著及有关技术资料，借鉴各地猪病防治的成功经验，结合自己的工作体会，编写了本书，期望能对养猪生产有所帮助。

　　本书在写作上力求语言简明扼要、通俗易懂，内容系统，注重实际操作。主要内容包括猪传染病的流行与防控、猪的诊断与投药、猪的免疫接种、猪病毒性传染病的诊治、猪细菌性传染病的诊治、猪寄生虫病的诊治、猪营养代谢病的诊治、猪中毒性疾病的诊治、猪其他普通病的诊治等，重点介绍了各种病的流行特点、临床症状、病理变化、鉴别诊断和防治措施。本书可供养猪生产者及畜牧兽医工作人员参考。

　　需要特别说明的是，本书所用药物及其使用剂量仅供读者参考，不可照搬。在生产实际中，所用药物学名、常用名与实际商品名称有差异，药物浓度也有所不同，建议读者在使用每一种药物之前，参阅厂家提供的产品说明以确认药物用量、用药方法、用药时间及禁忌等。购买兽药时，执业兽医有责任根据经验和对患病动物的了解决定用药量及选择最佳治疗方案。

本书在编写过程中，参考了一些专家、学者撰写的文献资料，因篇幅有限，未能一一列出，谨在此表示感谢。

由于编者的理论和技术水平有限，书中不妥、错误之处在所难免，敬请广大读者批评指正。

编　者

目　录

第五章 猪细菌性传染病的诊治

第六章 猪寄生虫病的诊治

—— 第一章 ——
猪传染病的流行与防控

　　猪病，尤其是一些传染病，如果疏于防范，往往会使猪群乃至整个猪场毁于一旦，造成重大的经济损失。因此，在养猪生产中，必须贯彻"以预防为主"的方针，采取切实可行的措施，确保猪群健康无病，提高出栏率，增加养猪的经济效益。

一 病原微生物

　　传染病是由人们肉眼看不见而具有致病性的微小生物——病原微生物引起的，它们包括病毒、细菌、霉形体、真菌及衣原体等。

　　（1）病毒　病毒是很小的微生物，一般圆形病毒的直径为几十至一百多纳米，必须用电子显微镜放大数万倍才能观察到。

　　病毒不能独立进行新陈代谢，每种病毒必须寄生在对其具有易感性的动物、植物或微生物的活细胞内，只有这样才能正常地生存和繁殖。当病毒寄生在细胞之内时，如果细胞死亡，病毒也同时死亡。由病猪消化道、呼吸道等排出的各种病毒，都是释放在细胞之外的，它们在自然界中不能繁殖，但能存活数十天至数百天之久，当有机会侵入猪体时，又在细胞内繁殖，引起疾病。

　　病毒有耐冷怕热的共性，温度越低，存活越久，但在高热环境中存活的时间很短。例如，口蹄疫病毒，在 $-25 \sim -20℃$ 能存活 $156 \sim 168$ 天，加温到 $85℃$ 经 $12 \sim 15min$ 即可死亡。不同病毒对酸、碱、日光、紫外线及各种消毒剂有不同的耐受力，但大多数不能耐受碱和长时间（半小时以上）的日光直射。

　　病毒性猪病与细菌性猪病的一个不同之处，是前者用疫苗预防的效果比较好，但一般来说没有特效药物可以治疗。抗生素及磺胺类药物的作用是破坏细菌的新陈代谢，而病毒靠寄生生存，没有自身的代谢，因而不受这些药物的影响。能够进入细胞杀灭病毒而又不损害细胞的化学药品，研制难度大，仅取得有限的进展。

（2）细菌 细菌是单细胞的微生物，直径或长度一般为几微米到几十微米，用普通光学显微镜放大1000多倍可以观察。依细菌的形态可分为球菌、杆菌和螺旋菌三种类型，有些球菌和杆菌在分裂之后，仍具有一般显微镜下看不到的原浆带相连，从而排列成一定形态，分别称为双球菌、链球菌、葡萄球菌、链状杆菌等。

细菌本身是一个完整的细胞，其结构有细胞壁、细胞质和细胞核，有些细菌长有鞭毛、柔毛，因而可借助于鞭毛做有限的运动。

细菌与病毒不同，它能独立进行新陈代谢。只要有适宜的温度、湿度、酸碱度及营养等条件，细菌就可以大量地分裂繁殖。例如，大肠杆菌在适宜条件下，每20min左右就分裂一次。一般病原菌在10~45℃的温度下都可以繁殖，以37℃最为适宜。当外界环境不利时，细菌会减缓乃至停止繁殖，但能较长时间地存活，待环境有利时再恢复繁殖。

有些细菌能在细胞壁外面形成肥厚的胶状物，包裹整个菌体，这种胶状物称为荚膜，它具有抵抗动物细胞的吞噬和消除抗体的作用，从而增强细菌的致病能力。还有些杆菌在外界环境不利时能形成一种有坚实厚壁的圆形或椭圆形囊状结构，称为芽孢，可大大增强对高温、干燥及消毒药的抵抗力。能否形成荚膜和芽孢以及芽孢呈现什么形态是菌种的特征，因而是鉴别细菌的依据之一。

细菌可以在人工培养基上进行培养，在固体培养基上培养时，细菌大量繁殖所形成的肉眼可见的聚集物称为菌落，不同细菌的菌落呈现不同形态，这也是鉴别细菌和诊断传染病的依据之一。

用显微镜观察细菌首先要进行染色，如革兰氏染色法可将不同的细菌染成两种颜色，染成紫色的称为革兰氏阳性菌，染成红色的称为革兰氏阴性菌。某些抗生素如青霉素、红霉素等，对革兰氏阳性菌的效力较强；另一些抗生素如链霉素、卡那霉素、庆大霉素等，对革兰氏阴性菌的效力较强；还有些抗生素如土霉素，对革兰氏阳性菌、阴性菌都有效力，称为广谱抗生素。由病菌引起的常见传染病如猪丹毒、猪肺疫、猪链球菌病、猪副伤寒、仔猪红痢、猪坏死杆菌病、猪布氏杆菌病、猪气喘病等，均可用抗菌类药物进行预防和治疗。

（3）**支原体** 其大小介于细菌与病毒之间，结构比细菌简单，但能独立生存。支原体没有真性细胞壁，只有极薄的细胞膜，不足以保持固定形态，因而呈多形性，如球形、杆形、星形、螺旋形等。多种抗生素如土霉素、金霉素对支原体有效，但青霉素的作用是破坏细胞壁的合成，而支原体并无真性细胞壁，所以青霉素对支原体无效。

（4）**真菌** 真菌包括担子菌、酵母菌和霉菌，一般担子菌、酵母菌对动物无致病性。霉菌种类繁多，对猪有致病性的主要是某些霉菌，如烟曲霉菌使饲料、垫料发霉，引起猪的曲霉菌病；黄曲霉菌常使花生饼变质，用其喂猪后会引起猪中毒。

霉菌的形态是细长的菌丝，有很多分支，各执行不同功能。一些菌丝肉眼看不到，大量菌丝聚在一起呈丝绒状，是人们所常见的。

霉菌能够进行独立的新陈代谢，在温暖（22~28℃）、潮湿和偏酸性（pH为4~6）的环境中繁殖很快，并可产生大量的孢子浮游在空气中，易被猪吸入肺部。一般消毒药对霉菌无效或效力甚微。

（5）**衣原体** 衣原体是一种介于病毒和细菌之间的微生物，生长繁殖的一定阶段寄生在细胞内，对抗生素不敏感。

■二 猪传染病的流行

凡是由病原微生物引起、具有一定的潜伏期和临床症状、并具有传染性的疾病称为传染病。各种传染病的发生，虽然各具特点，但也有共性规律，均包括传播、感染、发病三个阶段。

1. 传染病的传播

猪传染病的传播扩散，必须具备传染源、传播途径和易感个体三个基本环节，如果打破、切断和消除这三个环节中的任何一个环节，这些传染病就会停止流行。

（1）**传染源** 传染源即病原微生物的来源，是携带并排出病原体的猪只，包括病猪和病原携带猪。对于人畜共患传染病还包括人

3

和其他携带病原体的动物。

病猪能够向外界排出大量的病原体，所以对病猪要严格隔离、消毒。死亡的病猪在一定时间里尸体内仍有大量的病原体存在，若处理不当可造成病原体散播。

病原携带猪指外表无症状，但能够携带和排出病原体的猪只。一般来说，它排出病原体的数量少于病猪。有少数传染病在潜伏期能排出病原体，如狂犬病、口蹄疫和猪瘟等；也有的传染病处在恢复期时仍能排出病原体，如猪气喘病；有时健康无病的猪也可携带、排出某种病原体，这是隐性感染的缘故，如健康猪可分离到巴氏杆菌、沙门氏菌等。因此，在生产中，引入新的携带病原的猪常常会给猪群带来新的疾病，并在全群中迅速传播。由于病原携带猪可以间歇地排出病原体，所以引进猪时要经过多次病原学检查诊断为阴性后才能确定为非病原携带猪，并在与原有猪群混群前，经过一定时间隔离观察。

（2）传播途径 它是指病原体由一个传染源传播到另一个易感体所经由的途径。按病原体更迭宿主的方式，可分为垂直传播和水平传播两类。

1）垂直传播。垂直传播是指病原体由母猪卵巢、子宫内感染或通过初乳传播给仔猪的传播方式，常见的传染病包括猪瘟、猪细小病毒感染、先天性震颤、脑心肌炎病毒感染等。

2）水平传播。水平传播是指猪与猪之间的横向传播。几乎所有的传染病均可以经水平传播方式传播。根据参与传播的媒介可分为直接接触传播如舔咬、交配等；空气传播，即以空气中的飞沫、尘埃等作为媒介物而传播，所有的呼吸道传染病都可以这种方式传播；污染的饲料、饮水传播，以消化道为传入门户的传染病均能以此种方式传播，如猪大肠杆菌病、沙门氏菌病、猪瘟、口蹄疫等；土壤传播，如产气荚膜梭菌、猪丹毒等；媒介传播，指除猪以外的其他动物和人作为媒介来传播的方式，起传播作用的媒介主要包括节肢动物、人类、野生动物和其他畜禽。

（3）易感个体 病原微生物仅是引起传染病的外因，它通过一定的传播途径侵入猪体后，是否导致发病，还要取决于猪的内因，也就是猪的易感性和抵抗力。猪由于品种、年龄、免疫状况及体质强弱等情况不同，对各种传染病的易感性有很大差别。例如，在年龄方面，仔猪对白痢、红痢、大肠杆菌病等易感性高，成年猪则稍差一些；在免疫状况方面，猪群接种过某种传染病的疫苗或菌苗后，产生了对该病的免疫力，易感性即大大降低。当猪群对某种传染病处于易感状态时，如果体质健壮，也有一定的抵抗力。

2. 传染病的感染与发病

（1）感染的类型　某种病原微生物侵入猪体后，必然引起猪体防卫系统的抵抗，其结果必然出现以下三种情况：一是病原微生物被消灭，没有形成感染；二是病原微生物在猪体内的一定部位定居并大量繁殖，引起病理变化和症状，也就是引起发病，称为显性感染；三是病原微生物与猪体内防卫力量处于相对平衡状态，病原微生物能够在猪体某些部位定居，进行少量繁殖，有时也引起比较轻微的病理变化，但没有引起症状，也就是没有引起发病，称为隐性感染。有些隐性感染的猪是健康带菌、带毒猪，会较长期地排出病菌、病毒，成为易被忽视的传染源。

（2）发病过程　显性感染的过程，可分为以下四个阶段。

1）潜伏期。病原微生物侵入猪体后，必须繁殖到一定数量才能引起症状，这段时间称为潜伏期。潜伏期的长短，与入侵的病原微生物毒力、数量及猪体抵抗力强弱等因素有关。例如，猪瘟的潜伏期，一般为 5～7 天，最大范围为 2～21 天。

2）前驱期。这个时期是猪发病的征兆期，病猪表现出精神不振、食欲减退、体温升高等一般症状，尚未表现出该病特征性症状。前驱期一般为 1～2 天。

3）明显期。这个时期猪的病情发展到高峰阶段，病猪表现出该病的特征性症状。前驱期与明显期合称为病程。急性传染病的病程一般为数天至 2～5 周，慢性传染病的病程则可达数月。

4）转归期。转归期即疾病发展到了结局阶段，病猪有的死亡，有的恢复健康。康复猪在一定时期内对该病具有免疫力，但体内仍残存并向外排放该病的病原微生物，成为健康带菌或带毒猪。

第一章　猪传染病的流行与防控

三　猪传染病的基本防治措施

1. 预防猪传染病的基本措施

（1）猪场选址要符合防疫要求　猪场的场址应背风向阳，地势高燥，水源充足，排水方便。猪场的位置要远离村镇、学校、工厂和居民区，与铁路、公路干线、运输河道也要有一定距离。

（2）制定合理的传染病免疫程序　传染病的发病率和带来的损失在整个猪病中占有很高比例，它不仅会造成猪群的大批死亡和畜产品的损失，而且会直接影响人民的生活健康和对外贸易。预防猪传染病最有效的方法之一就是预防注射疫苗及特定的抗原，按照传染病发生的规律，合理制定免疫接种程序，减少猪群发病率，提高保护率。

（3）加强猪群的饲养管理　加强饲养管理，是搞好猪病防治的基础，是增强猪体抗病能力的根本措施。

1）选择优质的仔猪。从无疫地区和无病猪群购进种猪或仔猪，确保无病猪进入猪场，并建立健全隔离制度，保证必要的隔离条件。

2）供给全价饲粮。饲粮的营养水平不仅影响猪群的生产能力，而且缺乏某些成分可发生相应的缺乏症，所以要从正规的饲料厂购买饲料。储存时注意时间不要过长，并防止霉变和结块。在自配饲粮时，要注意原料的质量，避免饲粮配方与实际应用相脱节。

3）给予适宜的环境温度。适宜的环境温度有利于提高猪群的生产能力。如果温度过高或过低，都会影响猪群的健康，冷热不定容易导致猪体感冒及患其他疾病。

（4）坚持严格的卫生和消毒制度　定期清理猪舍内外，保持环境清洁卫生，定期对猪舍进行消毒。饲养人员进猪舍前，坚持洗手，外来人员一律禁止进入猪舍。饲养人员进舍要更换工作服，喷洒药物或紫外线消毒，饲养用具固定使用，不得串换。

（5）进行必要的药物预防　对于某些细菌性传染病，应根据疫病易发的季节和猪易发的月龄，提前给予有效的药物，达到以防为主、防重于治的目的。

2. 扑灭猪群传染病的基本措施

一旦发生传染病时，为了扑灭疫情，避免造成大范围流行，必须立即查明和消灭传染源，切断传染途径，提高猪群对传染病的抵抗力。

(1) 发现异常，及早做出诊断 发现猪群中有部分猪发病或异常时，应立即请兽医人员亲临现场，做出病情诊断，并查明发病原因。必要时应把疫情通知周围猪场或养猪户，以便采取预防措施。

(2) 针对疫情，及时采取防治措施 当确诊为猪瘟、口蹄疫等烈性传染病时，如果为流行初期，应立即对未发病猪群进行疫苗紧急接种，以便在短期内使流行逐渐停止。但到了流行中期，已经感染而貌似健康的猪为数很多，此时接种疫苗，往往收效不大。当确诊为猪丹毒、猪肺疫等细菌性传染病时，在流行初期除用菌苗进行紧急接种外，还可用磺胺类药物或抗生素进行治疗和预防，并加强饲养管理。

(3) 严格隔离和封锁，防止疫情蔓延 对发生传染病的猪群要进行全部检疫，对检出的病猪要隔离治疗；疑似病猪也应隔离观察，对病猪或疑似病猪都应设专人饲养管理。对发生传染病的猪群和猪场，应及早划定疫区，进行严格封锁。在封锁期间，禁止仔猪、种猪调进或调出。待场内病猪已经全部痊愈或全部处理完毕，猪舍、场地和用具经过严格消毒后，经过两周，再无新病例出现，然后再做一次严格大消毒，方可解除封锁。

(4) 坚决淘汰病猪，彻底进行环境消毒 猪群发病后，对所有病重的猪要坚决淘汰、捕杀。如果可以利用，必须在兽医部门同意的地点，在兽医监督下加工处理。猪毛、血水、废弃的内脏要集中深埋，肉尸要高温处理。病死猪的尸体、粪便和垫草等应运往指定地点烧毁或深埋，防止狗、猫等扒吃。对被污染的猪舍、运动场及饲养用具，都要用2%～3%的热氢氧化钠等高效消毒剂进行彻底消毒。

> ➡ **【提示】** 对于猪病的防治，要坚持以预防为主的原则，"防"重于"治"，治疗是不得已的补救措施。只有做好疫病的预防工作，才能保证猪群健康，降低饲养成本。

第一章 猪传染病的流行与防控

——第二章——
猪病的诊断与投药

■ 猪病的诊断

诊断的目的是尽早地认识疾病，以便采取及时而有效的防治措施。只有及时正确地诊断，防治工作才能有的放矢，使猪群病情得以控制，免受更大的经济损失。猪病的诊断主要从以下六个方面着手。

1. 流行病学调查

有许多猪病的临床表现非常相似，甚至雷同，但各种病的发病时机、季节、传播速度、发展过程、易感日龄、性别及对各种药物的反应等方面各有差异，这些差异对鉴别诊断有非常重要的意义。如一般进行某些预防接种的，在接种免疫期内可排除相关的疫病。因此，在发生疫情时要进行流行病学调查，以便结合临床症状、剖检病变和化验结果，确定最后的诊断结果。

2. 临床诊断

临床诊断病猪常用的方法，包括视诊、触诊、叩诊、听诊和嗅诊。临床检查，通常按一般检查和系统检查的顺序进行。

一般检查包括猪体外观检查和体温检查；系统检查包括循环系统检查、呼吸系统检查、消化系统检查、泌尿生殖系统检查、神经系统检查等。

3. 尸体剖检诊断

临床诊断，有些疾病症状很不明显，有些发病突然死亡，来不及临床检查，或者临床检查没有发现任何病症。这些可通过病猪死后尸体剖检，做全面、系统的观察，检查组织器官的病理变化，结合生前症状，做出正确的诊断。

> **【提示】** 已经腐败的尸体，会给剖检工作造成很大困难，且容易误诊。

4. 实验室诊断

经过临床和剖检诊断，积累大量资料，但还不能最后确诊，有些疾病还存在疑问，需要进一步深入研究，往往需配合实验室检查，进一步收集材料，弄清一些问题，给最后确诊提供依据。

> **【提示】** 一套器械与容器只能采集一种病料，不可再用其采集其他病料或盛放其他脏器材料。

5. 药物诊断

使用药品治疗疾病，有的疗效很好，非常理想；有的疗效不明显；有的无疗效，病情愈来愈重。如用青霉素治疗猪瘟，完全无效，而青霉素治疗猪丹毒却有特效。这也给诊断提供了依据。

6. 鉴别诊断

随着养猪生产的发展，猪病的临床表现和病理变化变得错综复杂，给临床诊断带来了一定的困难。对于家庭养猪而言，在猪病诊断中，鉴别诊断相对难度较大，但非常重要，必须给予高度重视。要根据病原特性、流行特点、临床症状、病理特征，认真分析，仔细梳理，从可能会发生的多种疾病中逐一排除，最后做出正确诊断。

> **【提示】** 临床上，由于种种原因，采用一种诊断方法，很难得出正确的结论。只有多种诊断方法结合起来，进行综合分析，才能得出正确的判断。

二　猪体保定

在一般情况下，对病猪的诊断、投药、注射、手术等，都要采取适当的保定措施。对性情温驯的猪，可采取立于墙根、墙角，用手轻搔猪的背部、腹部、腹侧或耳根的方法，使猪安静，接受检查和治疗。而对性情凶暴、躁动不安的猪，可采取下列保定方法。

（1）**仔猪保定法**　一手将仔猪抱于怀中，托住颈部，另一手轻按后躯即可；也可将仔猪侧卧于操作台或平地上，一手按住头部，另一手握住下侧前肢；还可由畜主握住仔猪两后肢，将猪倒提起，使猪腹部朝前，用两腿夹住猪的头部，以防躁动（图2-1）。

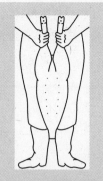

图2-1　仔猪倒立
提举保定

（2）**网架保定法**　此法适用于幼猪和中猪，将猪放置在用绳织成的网上，使猪的四肢悬空，起到保定作用（图2-2）。

（3）**握耳提举法**　此法适用于中等体格猪的灌药或口腔检查。保定者两腿夹住猪的胸侧，双手紧握猪的两耳，用力将头和前躯一并提起。

（4）**鼻捻绳保定法**　此法适用于成猪和性情凶暴的猪，由助手紧握猪两耳，保定者用一根粗细适中的绳索做成活套，套在猪的上颌部，然后用手拉住或拴绕在单柱上，借猪向后退的力量拉紧绳结，起到保定作用（图2-3）。

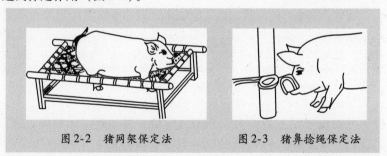

图2-2　猪网架保定法　　　图2-3　猪鼻捻绳保定法

（5）**横卧保定**　此法适用于中猪和大猪。一人握住猪一条后腿，另一人握住猪的耳朵，两人同时向同一侧用力将猪放倒，一人按压猪头颈部，用绳拴住四脚加以固定。

三　猪的体温测量

猪的正常体温为38.0～39.5℃，在天热时直射日光下可达40℃左右。一般用兽用体温计或人用肛表插入猪的肛门中测温。测量猪体温的步骤：

1）先将体温计的水银柱甩至35℃以下。

2）用酒精或新洁尔灭棉球擦拭体温计，涂上润滑剂或唾些口水。

3）测温人的一手将猪的尾根部提起，另一手持体温计徐徐插入肛门中，放下尾巴，用附在体温计上的夹子夹在尾部的毛上以固定，无夹子时可用手抵住。

4）按体温计的规格要求，使体温计在肛门内放置一定时间（如体温计为3分计，则需放置3min），取出后读取水银柱上端的度数即可。

5）测好后，应将体温计用消毒棉球擦拭，以备再用。

> ⚠️ **【注意】** 当直肠、肛门内有粪球时，应让粪球排出后再测温，否则测得的温度不准确。另外若肛门括约肌很紧，可用体温计在肛门中轻轻地转动几下，使局部放松后再插入，不然易损伤直肠黏膜。

四 病死猪的剖检

使病猪尸体仰卧，可先切断肩胛骨内侧和髋关节周围的肌肉，使四肢摊开。然后，沿两侧肋骨后缘，连皮带肉做一弧形切开，切开部往后拉，使腹腔脏器全部暴露，观察腹腔脏器有无异常。在横膈膜处切断食管，骨盆腔内切断直肠，将胃、肠、肝、胰、脾一并拉出分别检查；先看外观，后切开胃、肠，切割肝、脾，进行内部观察。从腰椎两旁摘出肾脏，骨盆腔内取出膀胱予以检查。

用刀或剪刀切（剪）断两侧的肋软骨与肋骨结合部。在切割处，两手各向外用力，折断肋骨与胸椎的连接，使胸腔敞开。用刀切断喉头部附着物，用手握住气管，将心脏、肺脏一并拉出，逐一检查。

检查脑部应先用刀或斧在颅顶的中央劈一个裂缝，用凿子在颅顶边缘凿成骨裂，再用凿子或刀背伸入颅顶中央，仔细地撬去骨片，

诊治一本通

直至脑部全部暴露。

> ⚠ **【注意】** 要注意剖检人员的防护。在进行病理剖检前，若怀疑待检的猪已感染的疾病可能对人有接触感染时（如猪口蹄疫、猪布氏杆菌病等），必须采取严格的卫生预防措施。

五 猪的投药方法

猪的投药方法主要有注射法、混饲法、口投法和胃管投药法四种。

1. 注射法

（1）肌内注射 它是最常用的方法，注射部位一般选择在肌肉丰满，神经干和大血管少的颈部和臀部。注射时，针头直刺入肌肉2~4cm深，注入药液（图2-4），注毕拔出针头。注射前后均应消毒，刺入时用力要猛，注药的速度要快，用力的方向应与针头一致，以防折断针头。

图2-4　肌内注射法

> ➡ **【提示】** 肌肉内血管丰富，吸收药液较快，水剂、乳剂、油剂都可以肌内注射。注射部位应选择耳根后方的颈侧和臀部靠近髋骨（十字骨）的上方。较瘦弱的猪最好选择在颈部。选择臀部注射时，注射点不要向后下方移，防止刺伤坐骨神经。

（2）皮下注射 它是将药液注入皮肤与肌肉之间的组织内。注射部位可选择在皮薄而容易移动的部位，如大腿内侧、耳根后方等。注射时，左手捏起局部的皮肤，成为皱褶，右手持注射器，由皱褶的基部刺入，进针2~3cm，注毕拔出针头，注射前后均应消毒。当药液量大时，要分点注射。

（3）静脉注射 将药液注入静脉内，使之迅速发挥作用。注射部位常选择在耳部大静脉。注射时，先用手指捏压耳部静脉管，使静脉充盈、怒张，然后手持连接针头的注射器，沿静脉管使针头与皮肤呈 10°～15°角刺入皮肤及血管，松开耳根部压力，见回血后左手固定针头刺入的部位，右手拇指徐徐推动活塞，注入药液（图 2-5），注完后，左手持棉球压针孔处，右手迅速拔针，防止血肿发生。

（4）腹腔注射 即把药液注入腹腔，仔猪常用这种方法。注射时，用手提起猪的两后腿，形成倒立，在耻骨缘中线旁 3～5cm 处，针头垂直地刺入 2～3cm，药液注射后拔出针头（图 2-6）。

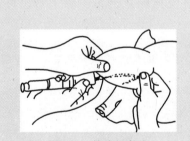 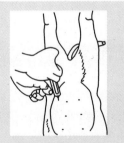

图 2-5 静脉注射法　　图 2-6 腹腔注射法

第二章　猪病的诊断与投药

13

⚠【注意】 按猪的大小、肥瘦、注射种类、药量，选择适宜的注射器及针头，以及消毒药和所需用品；检查注射器是否有破损，金属注射器橡皮垫是否密封，松紧度调节是否合适，针头是否堵塞、锐利，与针管的结合是否严密；所有注射用的器具，用前需清水洗净，并煮沸消毒或高压消毒；抽取药液前，先检查药品是否过期，有无混浊、沉淀、变质；两种以上药液混合注射，应注意有无配伍禁忌；抽完药液后，在注射之前应先排出针筒内空气和气泡，并调节好控制注射量的螺旋；根据猪的大小、是否妊娠、不同的注射方法，采取不同的保定措施，要求保定安全、可靠、方便；注射前对局部剪毛、消毒；注后拔出针头再次消毒和压迫注射针孔，严格遵守无菌操作。

2. 混饲法

对于还能吃食的病猪，而且用药量少，又没有特殊的气味，可将药物均匀地混合在少量的饲料或水中，让猪自由采食。

3. 口投法

一人握住猪的两耳或前肢，并提起前肢和前躯；另一人用木棍将猪嘴撬开，把药片、药丸或舔剂置于舌根背面处。或用长嘴瓶子、汤匙伸入口角内，缓慢地倒入药液，咽下后，再灌第二次。

⚠【注意】 防止连续大量灌入或在猪叫唤时投给，以防药液进入气管。

4. 胃管投药法

用绳套套住猪的上腭，用力拉紧，猪自然向后退。这时用开口器的两端绳，勒紧两嘴角。用胃管从开口器中央插入，胃管前端至咽部时，轻轻刺激，引起吞咽动作，便插入食道。判断方法是将橡皮球捏扁，橡皮球上端捏紧，当手松开橡皮球后，不再鼓起，证明橡皮管在食道内，再送胃管至食道深部，从漏斗进行灌药。

第三章

猪的免疫接种

　　猪的免疫接种，是将疫苗或菌苗用特定的人工方法接种于猪体，使猪在不发病的情况下产生抗体，从而在一定时期内对某种传染病具有抵抗力，达到个体乃至群体预防和控制传染病的目的。免疫接种是诸多预防传染病手段中最经济、最方便、最有效的方法之一。

　　疫苗和菌苗是由毒力（即致病力）较弱或已被处理致死的病毒、细菌制成的。用病毒制成的叫疫苗，用细菌制成的叫菌苗，含活的病毒、细菌的叫弱毒菌，含死的病毒、细菌的叫灭活苗。疫苗和菌苗按规定方法使用没有致病性，但有良好的抗原性。

■ 疫苗的保存、运输与使用

　　疫（菌）苗是由利用病毒或细菌本身除去或减弱它对动物的致病作用而制成的。分灭活苗和弱毒苗两类。

　　要使疫（菌）苗接种到猪体后产生确实的免疫力，必须合理保存、运输和使用。一般情况下，保存液体的疫（菌）苗，要避免高温、结冻和阳光直射，保存温度在2~15℃之间。保存冻干菌一般在零下低温储藏，如猪瘟、猪丹毒弱毒冻干菌，应在 -15℃条件下保存，如果在0~4℃或0~8℃条件下保存时，保存时间将缩短1/4~1/2。凡需低温保存的疫（菌）苗，在运输中，应采取冷藏措施，使温度不高于10℃。

　　使用疫（菌）苗时应注意以下几个方面：

　　1）使用前要了解当地是否有疫情，决定是否用或用何种疫（菌）苗，并对自家猪群进行一次健康检查，对患病、瘦弱、妊娠后

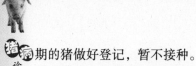

期的猪做好登记，暂不接种。

2）要认真阅读疫（菌）苗使用说明书。

3）在使用前仔细检查瓶口、胶盖是否密封，对瓶签上的名称、批号、有效期等做好记录。对不同温度条件下储存的疫苗要进行有效期的换算。对过期的、冻干苗失空的、瓶内有异物等异常变化的疫苗不能使用。

4）稀释疫（菌）苗的用具及接种疫（菌）苗时使用的器械在接种前后均须洗净消毒。

5）疫（菌）苗稀释后要充分振荡药瓶，吸药时在瓶塞上固定一个专用针头，并放在冷暗处。

6）在接种疫（菌）苗的过程中，要使疫（菌）苗避光避热，开瓶后按规定时间用完。如果用注射法接种，每注射一头猪，需换一个消毒过的针头。

7）在接种工作进行中或完毕后（一般在24h内），观察是否有严重接种反应的猪。如果有应及时治疗。

8）用猪丹毒、猪肺疫、仔猪副伤寒等弱毒菌苗的前后10天，禁用各种抗生素类药物。

9）口服菌苗所用的拌苗饲料禁忌酸败发酵等偏酸性饲料，禁忌热水、热食。

二 疫苗质量的测定

（1）物理性状的观察　生物制品使用前应认真检查有无破损，外观是否符合各类制品规定的要求。例如，冻干活菌（疫）苗应是疏松海绵状固体，稀释后团块迅速溶解均匀，无异物和干缩现象。凡玻璃瓶有裂纹、瓶塞松动以及药品色泽等物理性状与说明不相符者，不得使用。

（2）冻干活菌苗、疫苗真空度的测定　测定真空度采取高频火花测定器。测定时瓶内出现蓝色或紫色光者为真空（切勿直对瓶盖），不透光者为无真空。无真空疫苗不得使用，若使用这种冻干菌苗免疫必然失败。

（3）效力检查　效力检查在生产实践中具有重要意义。凡合法生物药品制造厂所生产的菌苗、疫苗，均应为经过检验的合格产品，产品附有批准文号、生产日期、批号、有效期等说明。但在生产实践中，往往由于保存、运输以及使用不当等原因，造成菌苗、疫苗质量下降。为确保免疫效果，疫苗在使用前应进行效力检验。检验方法应严格按国家农业部颁布的规程进行。

三 猪群免疫程序的制定

有些传染病需要多次免疫接种，在猪的多大日龄接种第一次，什么时候再接种第二次、第三次，称为免疫程序。单独一种传染病的免疫程序，见于本书后面关于该病的叙述；在群猪饲养期内的综合免疫程序，要根据具体情况先确定对哪几种病进行免疫，然后合理安排。制定免疫程序时，应主要考虑以下几个方面的因素：本地区疫病的流行状况及严重程度、猪群类型、母源抗体的水平、猪体免疫应答能力、疫苗的种类、免疫接种的方法、各种疫苗接种的配合、免疫对猪体健康及生产能力的影响等。

在生产中，一般情况下，中、小型猪场可参考下列免疫程序：

（1）猪瘟

1）种公猪：每年春、秋季用猪瘟兔化弱毒疫苗各免疫接种1次。

2）种母猪：于产前30天免疫接种1次；或春、秋两季各接种1次。

3）仔猪：20日龄、70日龄各免疫接种1次；或仔猪出生后未吃初乳前立即用猪瘟兔化弱毒疫苗免疫接种1次，接种2h后可哺乳。

4）后备种猪：选留作种用时立即免疫接种1次；产前1个月免疫接种1次。

（2）口蹄疫（高效灭活疫苗）

1）仔猪首免35日龄，二免55日龄。

2）种猪于每年9月和第二年1月各免疫1次。

（3）猪蓝耳病（蓝耳病弱毒疫苗）

1）仔猪：14日龄首次，每头肌内注射1头份；2周后第二次，每头1头份。

2）后备种猪：第一次发情前 3 周加强免疫 1 次，每头肌内注射 2 头份。

3）生产种猪：每 4 个月免疫 1 次，每次于配种前 15 天免疫，每头肌内注射 2 头份。

> ⚠️ 【注意】 妊娠母猪不准接种蓝耳病弱毒疫苗。蓝耳病弱毒疫苗能干扰猪瘟疫苗产生抗体，影响猪瘟疫苗的免疫效果。两个活疫苗不能同时接种，应间隔 5～7 天分别接种，这样即可避免其干扰作用。同时蓝耳病弱毒疫苗又受圆环病毒的干扰，当猪群中存在隐性感染猪圆环病毒时，接种蓝耳病弱毒疫苗，其免疫效果也受到影响。

（4）伪狂犬病 在 20～25 日龄免疫接种 1 次，母猪在断奶后免疫接种 1 次。

（5）猪丹毒、猪肺疫

1）种猪：春、秋两季分别用猪丹毒和猪肺疫菌苗各免疫接种 1 次。

2）仔猪：断奶后分别用猪丹毒和猪肺疫菌苗免疫接种 1 次。70 日龄分别用猪丹毒、猪肺疫菌苗免疫接种 1 次。

（6）仔猪副伤寒 仔猪断奶后（30～35 日龄）口服或注射 1 头份仔猪副伤寒菌苗。

（7）仔猪大肠杆菌病（黄痢） 妊娠母猪于产前 40～42 天和 15～20 天分别用大肠杆菌腹泻菌苗（K88、K99、987P）免疫接种 1 次。

（8）仔猪红痢 妊娠母猪于产前 30 天和产前 15 天分别用红痢菌苗免疫接种 1 次。

（9）猪气喘病

1）种猪：成年猪每年用猪气喘病弱毒菌苗免疫接种 1 次。

2）仔猪：7～15 日龄免疫接种 1 次。

3）后备种猪：配种前再免疫接种 1 次。

（10）猪乙型脑炎 种猪、后备母猪在蚊蝇季节到来前（4～5月），用乙型脑炎弱毒疫苗免疫接种 1 次。

(11) 猪传染性萎缩性鼻炎

1）公猪、母猪：春、秋两季各免疫接种 1 次。

2）仔猪：70 日龄免疫接种 1 次。

四 免疫接种的常用方法

不同的疫苗、菌苗，对接种方法有不同的要求，归纳起来，主要有口服法、肌内注射法、皮下注射法、皮内注射法、静脉注射法、气雾免疫法等。

(1) 口服法 分饮水和喂饲两种方法。经口免疫应按猪群头数计算饮水量和采食量，停饮或停喂半天，然后按实际头数的 150% ~ 200% 量加入疫苗，以保证饮、喂疫苗时，每头猪都能饮用一定量水和吃入一定量料，得到充分免疫。此法主要用于集约化猪场，其优点是省时、省力，适宜于大群免疫，但每头猪饮（吃）入的疫苗量，不能像其他免疫方法一样准确。

⚠ **【注意】** 疫苗用冷水稀释，最好不要用城市自来水，如果必须用则以先接水储存一天再用，以减少氯离子对疫苗的影响。

(2) 肌内注射法 注射部位多选择在臀部和颈部，注射时针头直刺入肌肉 2~4cm 深，然后注入疫苗液。肌内注射法的优点是注射方法简便，药液吸收快。其缺点是在一个部位不能大量注射；臀部如果接种不当，易引起跛行。

(3) 皮下注射法 注射部位多选择在猪的耳根后方，注射时先用左手拇指和食指捏起局部的皮肤，成为皱褶，右手持注射器将针头刺入皮肤与肌肉之间，然后注入疫苗液。皮下注射法的优点是操作简单，吸收较皮内快，大部分常用的疫苗和高免血清均可采用皮下注射。其缺点是使用疫苗剂量较多。

(4) 皮内注射法 注射部位多选择在猪的耳根后方，一般仅用于猪瘟结晶紫疫苗等少数制品。皮内接种的优点是使用药液少，同样的疫苗较皮下注射反应小，同量药液较皮下接种产生免疫力高；缺点是操作麻烦，技术要求高。

（5）静脉注射法 注射部位多选择在猪的耳静脉。兽医生物药品中的免疫血清除了皮下注射和肌内注射，均可采取静脉注射，特别是在紧急治疗传染病时。

> ● **【提示】** 疫苗、诊断液一般不进行静脉注射。

静脉注射接种的优点是使用剂量大，奏效快，可及时抢救病猪。其缺点是要求具备一定的设备和技术条件。此外，如果为异种动物血清，可能会引起过敏反应。

（6）气雾免疫法 此法是用压缩空气通过气雾发生器，将稀释的疫苗喷射出去，使疫苗形成直径 $1 \sim 10 \mu m$ 的雾化粒子，均匀地浮游在空气之中，通过呼吸道吸入肺内，以达到免疫接种的目的。此法主要用于集约化猪场，其优点是省时、省力，适宜于大群免疫。其缺点是疫苗用量为 $2 \sim 3$ 倍，有时还会诱发猪的呼吸道疾病。

气雾发生器由喷头及动力机械组成。喷头有对口式、平等式两种。压缩空气的动力可因地制宜，利用各种气泵或用电动机、柴油机带动空气压缩泵。无论用何种方法作动力，都要保持 $2kgf/cm^2$ 以上的压力，只有这样才能达到使疫苗雾化的目的。

免疫时，疫苗用量主要根据房舍的大小而定。用量确定后，用生理盐水将其稀释，装入雾化器瓶中，关闭猪舍门窗、排气扇等。操作者将喷头保持与猪头部同高，均匀喷射。喷射完毕 $20 \sim 30min$ 后，打开门窗和排气扇。

> ⚠ **【注意】** 操作人员要注意防护，戴上大而厚的口罩，如果出现发热、关节酸痛等症状，应及时就医。

五 免疫接种失败的主要原因

（1）由于正常免疫反应受到抑制 如严重的寄生虫感染、营养不良和各种应激反应等。特别注意的是幼畜体内有母源抗体，一定水平的母源抗体抑制弱毒疫苗的作用，从而导致免疫失败。

（2）由于疫苗使用不当所致 如在疫区进行紧急接种或在未暴

露疫情的地区免疫，常有一部分动物在接种时已处于潜伏期，它们往往在接种后的短期内发病。

（3）疫苗失效 如活毒苗储存不当，使用期已灭活；活菌苗与抗生素并用；用化学消毒剂消毒注射器；接种时皮肤涂擦酒精过多导致疫苗被灭活等，也都可以导致免疫失败。

第四章
猪病毒性传染病的诊治

一 猪瘟

猪瘟是由猪瘟病毒引起的急性、热性、高度接触性传染病。急性型以败血症及剖检所见内脏器官出血、坏死和梗死为特征；慢性型以纤维素坏死性肠炎为主要病理剖检特征。

【流行特点】本病在自然条件下只感染猪。不同品种、日龄、用途的家猪和野猪均易感染。本病的发生没有季节性，在新疫区常急性暴发，发病率、死亡率均很高。在常发地区，猪群有一定的免疫力，病情常呈亚急性型或慢性经过。本病的感染途径主要是消化道和呼吸道，病猪的粪、尿及各种分泌物（唾液、鼻液等）排出大量病毒，通过直接接触或间接接触被病毒污染的饲料、饮水、场地、各种工具等均可传染。此外，其他动物（猫、狗）、昆虫、老鼠等是机械性传染媒介。

【临床症状】潜伏期一般为5～10天。根据病程的长短和病状可分为急性型、慢性型和非典型猪瘟。

(1) 急性型 患猪表现发病突然，症状急剧，体温升高到41～42℃，口渴，废食，嗜睡，皮肤和黏膜发绀和出血（彩图1），多数病猪有明显的脓性结膜炎（彩图2），有的病猪出现便秘，随后出现下痢，粪便恶臭。妊娠母猪可出现流产，仔猪出现神经症状，如磨牙、痉挛、转圈等。特急性型病例甚至症状尚不明显即因败血症而死亡，一般在出现症状后几小时或几天死亡。

（2）慢性型　多发于老疫区，也有的是由急性不死转为慢性的。患猪症状不规则，体温时高时低，猪体消瘦，贫血，喜卧，行动迟缓，食欲不振，喜饮水，便秘和腹泻交替。有的病猪皮肤有紫斑或坏死痂，病程多在4周以上。

（3）非典型猪瘟　它是近年来国内发生较普遍的一种猪瘟病型，感染猪潜伏期长，症状轻微而且病变不典型，群众称其为无名高热。死亡率为30%～50%，有的自愈后出现干耳和干尾现象，甚至皮肤出现干性坏疽并脱落。这种类型的猪瘟病程为1～2个月不等，有的猪有肺炎感染和神经症状。仔猪常引起大量死亡，自愈猪变为侏儒或僵猪。

> **【提示】**　目前我国猪瘟疫苗得到有效推广使用，绝大多数猪场和养猪户都认识到了疫苗使用的重要性，疫苗漏免现象很少，但由于疫苗质量不同，疫苗运输、保存、使用存在的失误，猪群抗体水平的差异，非典型猪瘟比较多见。

【病理变化】典型猪瘟，全身淋巴结肿大，尤其是肠系膜淋巴结，外表呈暗红色，中间有出血条纹，切面呈红白相间的大理石样外观，扁桃体出血或坏死。胃和小肠呈现出血性炎症（彩图3）。在大肠的回盲瓣段黏膜上形成特征性的纽扣状溃疡（彩图4）。肾呈土黄色，表面和切面有针尖大的出血点（彩图5），膀胱黏膜层布满出血点。脾的边缘有时见到红黑色的坏死斑块（彩图6），似米粒大小，质地较硬，突出被膜表面。妊娠母猪感染病毒后，可见流产的胎儿水肿，表皮出血和小脑发育不全。

非典型猪瘟病理变化轻微，如淋巴结呈现水肿状态，轻度出血，脾稍水肿，膀胱黏膜仅有少数出血点，回盲瓣可能有溃疡、坏死，但很少有纽扣状溃疡等典型病变。

【鉴别诊断】

（1）猪瘟与急性败血性猪丹毒的鉴别　二者均有精神沉郁、体温升高、食欲不振、步态不稳、皮肤表面有出血斑点等临床症状，并均有肠道、肺、肾出血等病理变化。但二者的区别在于：急性败血性猪丹毒的病原为猪丹毒杆菌，以3～12月龄的猪易感，发病急，

第四章　猪病毒性传染病的诊治

常呈现突然死亡；病猪皮肤上有蓝紫色斑，指压褪色；胃底部和小肠有严重的出血性炎症，脾肿大呈樱桃红色，肾为出血性肾小球肾炎，淋巴结瘀血肿大；实质脏器涂片有大量单在或成堆的革兰氏阳性小杆菌。用抗生素治疗有效。

（2）猪瘟与急性猪肺疫的鉴别　二者均有精神沉郁、体温升高、喜伏卧、皮肤表面有出血斑点等临床症状，并均有肠道、心内膜出血等病理变化。但二者的区别在于：急性猪肺疫的病原为巴氏杆菌；病猪呈现高热、呼吸高度困难，黏膜呈蓝紫色，咽喉部有热痛性肿胀，自口鼻流出泡沫样带血液的鼻汁，常窒息死亡；剖检可见颈部皮下有出血性浆液浸润，肺出血、水肿，淋巴结出血，切面呈红色，实质脏器涂片可见革兰氏阴性两端浓染的小杆菌；用抗生素治疗有效。

（3）猪瘟与猪急性副伤寒的鉴别　二者均有精神沉郁、体温升高、喜伏卧、步态不稳等临床症状，并均有肠道、心、肺膜出血等病理变化。但二者的区别在于：猪急性副伤寒的病原为沙门氏菌，多发于2~4周龄的仔猪，阴雨连绵季节多发，疫情发展较猪瘟缓慢；病猪耳、腹部股内侧皮肤呈蓝紫色；剖检可见肠系膜明显肿大，肝实质内有黄色或灰白色小坏死点，脾肿大，呈暗紫色。

（4）猪瘟与猪流感的鉴别　二者均有精神沉郁、体温升高、喜伏卧、步态不稳等临床症状，并均有肠道充血等病理变化。但二者的区别在于：猪流感的病原为A型流感病毒；病猪呼吸急促，急剧咳嗽，并间有喷嚏，口鼻流出泡沫样液体，结膜呈蓝紫色；剖检可见主要病变在呼吸道，鼻腔潮红，咽、喉、气管和支气管黏膜充血，并附有大量泡沫，有时混有血液，喉头及气管内有泡沫性黏液，肺部呈紫色病变。

（5）猪瘟与猪败血型链球菌病的鉴别　二者均有精神沉郁、体温升高、皮肤表面有出血斑点等临床症状，并均有内脏器官充血、出血等病理变化。但二者的区别在于：猪败血型链球菌病的病原为链球菌；病猪常发生多发性关节炎，运动障碍；剖检可见鼻黏膜充血、出血，喉头、气管充血，有多量泡沫，脾肿胀，脑和脑膜充血、出血。

（6）**猪瘟与猪弓形虫病的鉴别**　二者均有精神沉郁、体温升高、食欲不振、黏膜发绀、皮肤表面有出血斑点等临床症状。但二者的区别在于：猪弓形虫病的病原为弓形虫；常发于6~8月，幼龄猪最易感，常先零星发病，随后暴发流行；病仔猪排水样稀便，呼吸困难，咳嗽，流水样或黏液性鼻汁，孕猪流产；剖检可见肺稍肿胀，间质增宽呈半透明状，表面有小出血点，胸腔内有黄色透明液体；淋巴结特别是肺门淋巴结水肿、灰白色、切面湿润；取肺及肺门淋巴结或胸腔渗出液涂片，姬姆萨染色可见橘瓣状或新月状速殖子或假囊。

（7）**猪瘟与猪附红细胞体病的鉴别**　二者均有精神沉郁、体温升高（42℃），绝食，不愿活动，病初粪成球并附黏液，耳、鼻、腹下、腹股沟出现紫斑等临床症状；但二者的区别在于：猪附红细胞体病的病原为猪附红细胞体；患猪有时咳嗽，可视黏膜苍白黄疸，全身皮肤发红，即使发生紫斑也是先发红后再出现不规则的紫斑；剖检可见全身肌肉色变浅，脂肪黄染；肝呈土黄色或棕黄色；脾肿大，质柔软，有粟粒大丘疹样结节和暗红色出血点，血稀薄如水，凝固不良，采血涂片，加等量生理盐水，在400~600倍显微镜下镜检，可见血细胞表面及血浆中游动的各种形态的虫体。

【防治措施】

1）及时进行疫苗接种。坚持定期（春、秋两季）注射猪瘟兔化弱毒疫苗，不要漏注，注射后4~6天产生免疫力，免疫期可达一年以上。为了避免哺乳仔猪感染猪瘟，最好能在20日龄左右和断乳时各注射一次疫苗。

2）尽量做到自繁自养和圈养，严防从外地带入传染源。必须从外地购猪时，应先经预防注射后，再隔离饲养2周，方可混入猪群。

3）改善饲养管理条件，搞好栏舍、环境、饲具的清洁卫生工作。泔水必须煮沸后再利用。

4）发生猪瘟时，应马上对全群健康猪只进行猪瘟疫苗接种，然后对可疑猪只接种，尽早确诊，及时采取措施，把损失减少到最低限度，目前尚无特效药物治疗此病。对可疑病猪隔离，病死猪进行无害化处理、深埋或焚烧均可，能利用的需经高温处理。发病猪舍、

猪病毒性传染病的诊治

25

运动场及有关器械用2%~3%的氢氧化钠或其他强力消毒剂进行彻底消毒。粪尿及垫草、剩料等污物堆积发酵或烧毁。

> ⚠️ 【注意】 近年来我国大部分地区猪瘟主要发生在11周龄以下的猪，特别是无保温条件的哺乳仔猪发病和死亡更为严重。妊娠母猪感染猪瘟病毒后主要引起繁殖障碍。为有效控制猪瘟，必须在定期检测猪瘟抗体的基础上制定合理的免疫程序，严格执行各项综合性防疫。

二 猪口蹄疫

猪口蹄疫是由口蹄疫病毒引起的偶蹄兽的一种急性、热性和高度接触性传染病。临床特征为病猪的口腔黏膜、蹄部和乳房皮肤出现水疱和溃疡。

【流行特点】 本病潜伏期短，传染快，流行广，发病率高，在同一时间内，往往牛、羊、猪一起发病，而猪对口蹄疫病毒易感性强，愈年幼的仔猪，发病率及死亡率愈高，1月龄内的哺乳仔猪死亡率可达60%~80%。本病一年四季均可发生，但以寒冷的冬、春季节多发。

病畜是本病的主要传染源，一旦动物被感染，在症状出现之前，体内开始排出大量致病力很强的病毒，症状严重期排毒量最多，症状恢复期排毒量逐渐减少。传染途径主要是消化道、损伤的黏膜（口、鼻、眼、乳腺）、皮肤等。传染的原因有直接的，如病猪与健康猪接触；有间接的，如病猪的唾液、乳汁、尿、粪、血液及病猪的肉、内脏污染了饲料、饮水及工具等。野生动物、鼠、狗、猫、鸟类、昆虫均是本病的重要传染媒介。

【临床症状】 本病潜伏期为2~7天，有时较长。患猪的主要症状表现在蹄部。病初体温升至40~41.5℃，经3天左右，在蹄叉、蹄冠、蹄踵等处出现水疱，不久破溃，表面出血、糜烂（彩图7、彩图8）。患猪跛行，严重者不能站立，甚至蹄壳脱落（彩图9）。少数病例在口腔发生病变，流涎，咀嚼及吞咽困难。患猪鼻盘、齿龈、舌、额部等也可出现水疱，破溃后露出浅的溃疡面，不久可愈合。

也有的病例，母猪的乳房和乳头的皮肤发生水疱，破溃后发生糜烂，不久结痂。哺乳仔猪常无口蹄疫症状，出现急性胃肠炎和心肌炎而死亡。

【病理变化】病猪蹄部、口腔、乳房皮肤有水疱和糜烂病变，个别病猪局部感染化脓，有脓样渗出物。死亡的哺乳仔猪，胃肠可发生出血性炎症，肺浆液性浸润，心包膜有点状出血，心包液混浊，心肌切面有灰白色或浅黄色斑或条纹，称为"虎斑心"。心肌变软，类似煮过的肉。由于心肌纤维变性、坏死、溶解，释放出有毒分解产物而使仔猪死亡。

【鉴别诊断】

（1）猪口蹄疫与猪水疱病的鉴别　二者均有精神沉郁，体温升高，食欲不振，口腔和蹄部出现水疱等临床症状。但二者的区别在于：猪水疱病的病原为水疱病毒，大型猪场易发生，农村养猪户发生较少；病猪水疱首先从蹄与皮肤交接处发生，而后口腔有小水疱，舌面水疱则罕见；病料接种 7~9 日龄乳鼠无反应，水疱病血清对本病有保护作用。

（2）猪口蹄疫与猪水疱性口炎的鉴别　二者均有精神沉郁，体温升高，食欲不振，口腔出现水疱等临床症状。但二者的区别在于：猪水疱性口炎的病原为水疱性口炎病毒，多发于夏季，并多为散发，蹄部很少或无水疱；病料接种乳兔不感染，猪口蹄疫血清对本病无保护作用。

（3）猪口蹄疫与猪水疱性疹的鉴别　二者均有精神沉郁，体温升高，食欲不振，口腔和蹄部出现水疱等临床症状。但二者的区别在于：猪水疱性疹的病原为水疱性疹病毒，多呈地方性流行或散发，发病率为 10%~100%；病料接种 2 日龄乳鼠、1~9 日龄乳鼠及乳兔均无反应，用口蹄疫和水疱病血清均不能保护。

（4）猪口蹄疫与猪痘的鉴别　二者均有精神沉郁，体温升高，食欲不振，口腔、鼻镜出现水疱等临床症状。但二者的区别在于：猪痘的病原为猪痘病毒，由虱、蚊、蝇叮咬传播，多发生在春、秋季潮湿时，呈地方性流行；病猪痘疹主要发生在躯干、下腹部和股内侧，先发生丘疹而后转为水疱，表面平整，中央稍凹呈脐状，不

久结成痂皮，毛少、无毛处多见，蹄部水疱少见。

【防治措施】预防猪口蹄疫，除采取一般综合检疫措施外，主要是采取注射口蹄疫灭活苗进行预防接种，注射后 14 天产生免疫力，免疫期为 3 个月。在牛、羊注射口蹄疫疫苗期间，邻近猪场应封锁，注射口蹄疫疫苗的器具再用于猪场时，必须严格消毒。

目前对本病尚无特效疗法，只能采取对症治疗。口腔可用清水、1％温食盐水、0.1％高锰酸钾水、2％硼酸洗漱；溃烂面涂以 5％碘甘油；蹄部用绷带包扎；乳房使用 0.1％高锰酸钾水冲洗干净后，用青霉素软膏或磺胺软膏涂于患部。

⚠ **【注意】** 按照我国政府相关法律规定，凡经具有资质的专业机构鉴定为发生口蹄疫的猪场，均应做无害化处理。因此，准确理解口蹄疫的发病特点，掌握发病特征，做好确实可靠的防控措施，确保人畜安全，避免损失，意义重大。

三 猪水疱病

猪水疱病是由水疱病毒引起的一种极似口蹄疫的急性、热性、接触性传染病。其主要特征是患猪蹄、鼻、口腔、乳房及皮肤出现水疱。

【流行特点】本病自然流行只感染猪，其他动物不感染。发病无明显季节性，多发于猪高度集中、饲养密度大且地面潮湿的地方，在分散饲养的情况下，极少引起流行。传染途径主要是消化道、呼吸道、皮肤和黏膜。发病后的患猪及其产品是主要传染源，病猪的新鲜粪、尿，以及被病毒污染后的运输工具、饲料和水均是传播媒介。

【临床症状】潜伏期一般为 2～5 天，成年猪发病率高于仔猪。病初只有少数病猪可见体温升高，在蹄冠、蹄叉、蹄底或副蹄出现一个或几个黄豆至蚕豆大的水疱，随后融合在一起，充满透明的液体，1～2 天后水疱破裂，形成溃疡面，病猪疼痛加剧，不易行走，严重者蹄壳脱落，卧地不起。少数病猪的鼻盘、口腔和乳头周围也会出现水疱。一般病程 10 天左右，然后自然康复。

【病理变化】剖检病变主要在蹄部。口腔和鼻端出现水疱、溃疡等病变，内脏器官一般无明显变化，有的仅见有局部淋巴结出血或偶尔可见到心内膜有条纹状出血。

【鉴别诊断】

（1）猪水疱病与猪口蹄疫的鉴别 二者均有精神沉郁，体温升高，食欲不振，口腔和蹄部出现水疱等临床症状。但二者的区别在于：猪口蹄疫的病原为口蹄疫病毒，一般呈流行性或大流行性发生，以冬、春、秋寒冷季节多发，口、鼻、舌发生水疱比较普遍而不是少数；用病料接种 1～2 日龄与 7～9 日龄乳鼠，两组均死亡。

（2）猪水疱病与猪水疱性口炎的鉴别 二者均有精神沉郁，体温升高，食欲不振，口腔出现水疱等临床症状。但二者的区别在于：猪水疱性口炎的病原为水疱性口炎病毒，多种动物均易感染，多发于夏季和秋初；病猪先在口腔发生水疱，随后蹄冠和趾相继发生水疱，水疱数较少；用病料接种 2 日龄和 7～9 日龄乳鼠、乳兔，仅乳兔无反应；用间接酶联免疫吸附法（间接 ELISA）检测水疱性口炎抗体是一种快速准确和高度敏感的检测方法。

（3）猪水疱病与猪水疱性疹的鉴别 二者均有精神沉郁，体温升高，食欲不振，口腔和蹄部出现水疱等临床症状。但二者的区别在于：猪水疱性疹的病原为水疱性疹病毒；病猪有时在腕前、跗前皮肤出现水疱，水疱较大；用病料接种 2 日龄和 7～9 日龄乳鼠和乳兔均不发病。

【防治措施】

1）不要从疫区调入猪只及其肉产品，用泔水和屠宰下脚料喂猪时，必须经过煮沸消毒。

2）要加强检疫、隔离、封锁措施，收购和调运生猪时应逐头检查，如果发现病猪，就地处理，不能调出。要加强对市场的管理和检疫，严禁病猪和同群猪上市。猪群患病要严格封锁，封锁期一般以最后一头猪治愈后 3 周才能解除。病猪肉及其头、蹄不准鲜销上市，应做高温处理。

3）要注意环境的卫生和消毒，消毒液应选用 5% 氨水、10% 漂白粉溶液、3% 热氢氧化钠溶液，热溶液比冷溶液效果好。

猪病毒性传染病的诊治

29

4）蹄部等病变治疗方法同口蹄疫。

四 猪水疱性口炎

猪水疱性口炎是由水疱性病毒引起的一种极似口蹄疫、传染性水疱病的急性、热性、接触性传染病。其主要特征是患猪口腔、鼻盘及蹄部出现水疱。

【流行特点】在自然环境条件下，以牛、马、猪较易感，羊、犬、兔不易得病。一般通过唾液和水疱液传播，但传染强度不如口蹄疫，传染途径主要是损伤黏膜和消化道。发病有明显的季节性，常在昆虫活跃的 5~10 月，以 8~9 月为流行高峰。

【临床症状】自然感染的潜伏期为 3~5 天。病猪先体温升高，精神沉郁，食欲减退，经过 1~2 天，口腔和蹄部出现水疱，多发生于舌、唇部、鼻端及蹄叉部。水疱内含黄色透明液体，水疱破裂后显露溃疡面，体温降至正常或偏高，蹄部病变严重的可出现跛行，不愿站立。如果无继发感染，创面较快地形成痂块，多为良性经过，一般在 7~10 天内康复；如果继发感染，则出现蹄匣脱落，露出鲜红样出血面，不能站立，有的呈犬坐姿势。

【病理变化】剖检时内脏器官无明显的变化，只是在口腔、蹄部出现水疱疹或溃疡面等。

【鉴别诊断】

(1) 猪水疱性口炎与猪口蹄疫的鉴别 二者均有精神沉郁，体温升高，食欲不振，口腔出现水疱等临床症状。但二者的区别在于：猪口蹄疫的病原为口蹄疫病毒，一般发病多在冬季、早春寒冷季节，传染迅速，常为大流行；用病料接种 2 日龄和 7~9 日龄乳鼠及乳兔均发病，口蹄疫血清有保护作用。

(2) 猪水疱性口炎与猪水疱病的鉴别 二者均有精神沉郁，体温升高，食欲不振，口腔出现水疱等临床症状。但二者的区别在于：猪水疱病的病原为水疱病毒，仅猪感染，一年四季均有发生，而以猪只密集、调动频繁的猪场传播较快；病猪先在蹄部发生水疱，随后仅少数病例在口、鼻发生水疱，舌面罕见水疱；用病料接种 2 日龄和 7~9 日龄乳鼠及乳兔，2 日龄乳鼠及乳兔发病，7~9 日龄乳鼠不发病。

（3）**猪水疱性口炎与猪水疱性疹的鉴别** 二者均有精神沉郁，体温升高，食欲不振，口腔出现水疱等临床症状。但二者的区别在于：猪水疱性疹的病原为水疱性疹病毒，仅感染猪；病猪有时在腕前、跗前皮肤出现水疱，水疱较大，大者直径为30mm；用病料接种2日龄和7~9日龄乳鼠和乳兔均不发病。

【防治措施】在疫区可使用当地病畜组织和血制备的结晶紫甘油疫苗或鸡胚结晶紫甘油疫苗，进行预防接种。病猪只要加强饲养管理，能很快地康复，疫区要严格封锁，用具与运输工具要彻底消毒，消毒液可用2%氢氧化钠等。

本病无特效的治疗方法，当无并发症时，由于其病情轻微和病程持续时间不长，一般只需要采取保守治疗和加强护理措施即可很快痊愈，治疗可参考猪水疱病。

五 猪繁殖与呼吸综合征

猪繁殖与呼吸综合征又称蓝耳病，是新近发现的由 Lelystacl 病毒引起的猪的一种繁殖和呼吸障碍的传染病。其特征为母猪发热、厌食，妊娠后期发生流产死胎、木乃伊胎和弱胎等繁殖障碍；幼龄仔猪出现呼吸困难症状和高死亡率。

【流行特点】自然流行中，本病仅见于猪。潜伏期为3~37天，其他家畜和动物未见发病。不同年龄、品种、性别的猪均可感染，但易感性有一定差异。繁殖母猪和仔猪发病比较严重，肥育猪发病比较温和。本病呈流行性传播，传播迅速，主要经空气通过呼吸道感染。病毒在感染猪体内可长期存在。因此，病猪和带毒猪是重要的传染源。

⚠ 【注意】 由于病毒可经精液传播，故使用流行期疫区种公猪的精液时需特别注意。

【临床症状】由于感染猪的类型不同，患猪感染的严重程度不同，临诊表现不同。

（1）**妊娠母猪** 患猪发热（40~41℃），厌食，沉郁、昏睡，不同程度呼吸困难，咳嗽。后肢麻痹，前肢屈曲，步态不稳，皮肤苍

白、颤抖，偶尔呕吐，间情期延长或不孕，妊娠晚期流产、死胎（大多为黑色，也有白色）、木乃伊胎、弱仔、早产（提前2~8天），产后无乳，临产时也有因呼吸困难而死亡的（体温下降至35℃左右）。少数病猪双耳、腹侧及外阴皮肤一过性青紫色或蓝色斑块（因此有蓝耳病之称），双耳发凉。

(2) 种公猪 发病率低（2%~10%），厌食昏睡。呼吸加快，咳嗽，消瘦，发热，个别猪双耳发蓝。暂时性精液减少和活力下降，因病毒在肺泡巨噬细胞内繁殖，导致巴氏杆菌病发病率明显上升。

(3) 哺乳仔猪 以1月龄内的仔猪最易感染。体温升高至40℃以上，呼吸困难，有时呈腹式呼吸，沉郁、昏睡，丧失吃奶能力，食欲减退或废绝，腹泻。离群独处或挤作一团，被毛粗乱，后腿及肌肉震颤，共济失调，有的仔猪口鼻奇痒，常用鼻盘、口端摩擦圈舍墙壁，鼻内有面糊状或水样分泌物，断奶前死亡率可达30%~50%，个别可达80%~100%。

(4) 育成猪及育肥猪 厌食，发热（40~41℃），沉郁、昏睡，呼吸加快，继而出现呼吸困难，腹泻，眼睑水肿。有的出现神经症状，有些病例双耳背面边缘及尾皮肤发绀、出现青紫色斑块（彩图10~彩图12）。

【病理变化】外观尸僵完全，皮肤色浅呈蜡黄色，鼻孔有泡沫，皮下脂肪较黄，稍有水肿。肺部病变多样（彩图13），色呈粉红、大理石状。肝脏病变较多，有萎缩、气肿、水肿等。脾脏边缘或表面有梗死灶（彩图14）。气管、支气管充满泡沫，胸腹腔积水较多，个别有灰白样坏死。喉、会厌、扁桃体出血（彩图15）。胃有出血水肿。肾包膜易剥离，表面布满针尖大出血点。肺门淋巴结充血、出血，个别病例小肠、大肠胀气。

仔猪、育成猪常见眼睑水肿。仔猪皮下水肿，体表淋巴结肿大，心包积液水肿。有时肺呈灰褐色，肺尖叶、中间叶和后叶病变没有差异。

胎儿和死胎仔，早期、晚期的弱仔，木乃伊化胎儿无明显病变，皮肤棕色，腹腔有浅黄色积液。有的胎儿和死胎仔出现皮下水肿，心包积液。

【鉴别诊断】

(1) 猪繁殖与呼吸综合征与猪流行性乙型脑炎的鉴别　二者均表现不孕、死胎、木乃伊胎等繁殖障碍症状。但二者的区别在于：猪流行性乙型脑炎的病原为猪流行性乙型脑炎病毒，发病高峰期在7~9月，病猪表现为视力减弱，乱冲乱撞；妊娠母猪多超过预产期才分娩；公猪睾丸先肿胀，后萎缩，多为一侧性；剖检可见脑室内积液多呈黄红色，软脑膜呈树枝状充血；脑回有明显肿胀，脑沟变浅；死胎常因脑水肿而显得头大，皮肤黑褐色、茶褐色或暗褐色。

(2) 猪繁殖与呼吸综合征与猪布氏杆菌病的鉴别　二者均表现不孕、流产、死胎等繁殖障碍症状。但二者的区别在于：猪布氏杆菌病的病原为布氏杆菌；猪布氏杆菌病流产前常有乳房肿胀，阴户流黏液，产后流红色黏液现象，一般产后8~10天可以自愈；公猪出现睾丸炎，附睾肿大，触摸有痛感；剖检可见子宫黏膜有许多粟粒大小黄色结节，胎盘上有大量出血点；流产胎儿皮下水肿，脐部尤其明显。

(3) 猪繁殖与呼吸综合征与猪细小病毒感染的鉴别　二者均表现不孕、流产、木乃伊等繁殖障碍症状。但二者的区别在于：猪细小病毒感染的病原为细小病毒；初产母猪多发，一般体温不高，后肢运动不灵活或瘫痪；一般于50~70天感染时多出现流产，70天以后感染多能正常生产；母猪与其他猪只不出现呼吸困难症状。

(4) 猪繁殖与呼吸综合征与猪伪狂犬病的鉴别　二者均表现不孕、流产、木乃伊胎等繁殖障碍症状。但二者的区别在于：猪伪狂犬病的病原为猪伪狂犬病病毒；20日龄~2月龄的仔猪表现为流鼻液、咳嗽、腹泻和呕吐，并出现神经症状；剖检可见流产的胎盘和胎儿的脾、肝、肾上腺和脏器的淋巴结有凝固性坏死。

(5) 猪繁殖与呼吸综合征与猪弓形虫病的鉴别　二者均表现精神不振，食欲减退，体温升高，呼吸困难等症状。但二者的区别在于：猪弓形虫病的病原为弓形虫；病猪体温最高可达42.9℃，身体下部、耳翼、鼻端出现瘀血斑，严重的出现结痂、坏死；体表淋巴结肿大、出血、水肿、坏死；肺膈叶、心叶呈不同程度的间质水肿，表现间质增宽，内有半透明胶冻样物质，肺实质是有小米粒大的白

猪病毒性传染病的诊治

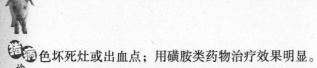

色坏死灶或出血点；用磺胺类药物治疗效果明显。

（6）**猪繁殖与呼吸综合征与猪钩端螺旋体病的鉴别**　二者均表现流产、死胎、木乃伊胎等繁殖障碍症状。但二者的区别在于：猪钩端螺旋体病的病原为钩端螺旋体，主要在 3～6 月流行；急性病例在大猪、中猪表现为黄疸，可视黏膜泛黄、发痒，尿红色或浓茶样，亚急性型和慢性型多发于断奶猪或体重为 30kg 以下的小猪，皮肤发红、黄疸；剖检可见心内膜、肠系膜、肠、膀胱有出血，膀胱内有血红蛋白尿。

（7）**猪繁殖与呼吸综合征与猪衣原体病的鉴别**　二者均表现不孕、死胎、木乃伊胎等繁殖障碍症状。但二者的区别在于：猪衣原体病的病原为衣原体；衣原体感染母猪所产仔猪表现为发绀，寒战，尖叫，吸乳无力，步态不稳，恶性腹泻；病程长的可出现肺炎、肠炎、关节炎、结膜炎；公猪出现睾丸炎、附睾炎、尿道炎、龟头包皮炎等。

（8）**猪繁殖与呼吸综合征与猪一般性流产的鉴别**　二者均表现流产，但后者为多种非病原体因素所致个别发生，无传染性，体温不高，不会出现木乃伊胎儿，没有呼吸困难等症状。

（9）**猪繁殖与呼吸综合征与猪一般性肺炎鉴别**　二者均表现精神不振，食欲减退，体温升高，呼吸困难等临床症状。但二者的区别在于：猪一般性肺炎无传染性，个别发生，除了咳嗽、呼吸困难外不见流产、死胎、木乃伊胎儿症状。

【防治措施】本病是猪的一种新的传染病，传染性很强，对养猪业危害性极大，目前尚无特效药物疗法。主要采取综合防治措施，最根本的方法是清除病猪和清洗消毒措施，切断传播途径。清除病猪和清洗消毒工作应反复进行，关键在于清除感染的断奶猪，保持育成猪舍无本病毒。这样，断奶猪转栏时，只要不和污染的育成猪舍共用通风系统，则不会发生感染。在育成猪舍急性发病时，用抗生素或其他药物治疗控制其他并发症，可大大提高猪成活率。但幸存猪断奶后，还可成为本病带毒猪。

疫苗接种是预防本病的主要手段。在流行地区必要时可试用灭活油乳剂疫苗免疫后备猪、妊娠母猪（间隔21天，肌内注射2次），对后备猪和育成猪也可试用弱毒疫苗。

六 猪轮状病毒感染

猪轮状病毒感染又称猪圆环病毒病，是由猪轮状病毒引起的一种人畜共患的急性肠道传染病，仔猪的主要症状为厌食、呕吐、下痢，中猪和大猪为隐性感染，没有症状。

【流行特点】本病的发生有一定的季节性，多发生于秋末至第二年的早春。各种年龄的猪均可感染，感染率最高达90%~100%，在流行地区由于大多数成年猪都已感染而获得免疫。因此，发病猪多是8周龄以下的仔猪，日龄越小的仔猪发病率越高，发病率一般为50%~80%，病死率一般为10%以内。患病的人、畜及隐性感染的带毒猪，是本病的传染源，轮状病毒主要存在于病猪及带毒猪的消化道，随粪便排到外界环境后，污染饲料、饮水、垫草及土壤等，经消化道感染。排毒时间可持续数天，可严重污染环境，加之病毒对外界环境有顽强的抵抗力，使该病毒在成猪、中猪、仔猪之间反复循环感染。另外，人和其他动物也可散播传染。

【临床症状】潜伏期一般为12~24h。常呈地方性流行，病初精神沉郁，食欲不振，不愿走动，有些仔猪吮奶后发生呕吐，以后出现严重腹泻，粪便呈黄色、灰色或黑色，为水样或粥状。症状的轻重取决于发病猪的日龄、免疫状态和环境条件，缺乏母源抗体保护的初生仔猪症状最重，环境温度下降或继发大肠杆菌病时，常使症状加重，病死率增高。通常10~20日龄仔猪的症状较轻，腹泻数日即可康复，3~8周龄仔猪症状更轻，成年猪为隐性感染。

【病理变化】病变主要在消化道，胃弛缓，充满凝乳块和乳汁，肠管变薄，内容物为液体状，呈灰黄色或灰黑色，小肠绒毛缩短，肠系膜淋巴结肿胀，胆囊肿大。

【鉴别诊断】

（1）猪轮状病毒感染与猪传染性胃肠炎的鉴别 二者均有精神沉郁，腹泻、脱水等临床症状。但二者的区别在于：猪传染性胃肠炎的病原为冠状病毒。该病只感染猪，其他动物不发病；从刚出生的小猪到成年猪均可发病，表现出呕吐、水样腹泻；初生仔猪病死率高达 100%。而轮状病毒主要感染 8 周龄以内的仔猪。猪传染性胃肠炎剖检后，除了小肠病变外，少数病例还可以见到胃底出血；用空肠和回肠的黏膜上皮细胞制成涂片进行直接免疫荧光检测，可以最终确诊。

（2）猪轮状病毒感染与猪流行性腹泻的鉴别 二者均有精神沉郁，腹泻、脱水等临床症状。但二者的区别在于：猪流行性腹泻的病原为冠状病毒；其临床与病理特征与猪传染性胃肠炎基本相同，但是对胃黏膜的损伤较小；通过直接免疫荧光方法可以最终确诊。

（3）猪轮状病毒感染与仔猪白痢的鉴别 二者均有精神沉郁，腹泻、脱水等临床症状。但二者的区别在于：仔猪白痢的病原为大肠杆菌；该病多发于 10 ~ 20 日龄的仔猪；病猪排乳白色稀粪，有特异腥臭味；一般不见呕吐；剖检病变主要在胃和小肠的前部；肠壁菲薄透明，不见出血表现；细菌分离鉴定可见致病性大肠杆菌，抗生素和磺胺类药物对该病有较好疗效。

（4）猪轮状病毒感染与仔猪黄痢的鉴别 二者均有精神沉郁，腹泻、脱水等临床症状。但二者的区别在于：仔猪黄痢多发于 1 周龄以内的仔猪，粪便多为黄色稀便；不见呕吐；粪便呈弱碱性，pH 为 7 ~ 8，药物治疗及时有效，治疗不及时或脱水严重的病死率很高，尤其是 3 日龄以内的仔猪；从肠内容物或粪便中可分离到致病性大肠杆菌。

（5）猪轮状病毒感染与仔猪红痢的鉴别 二者均有精神沉郁，腹泻、脱水等临床症状。但二者的区别在于：仔猪红痢的病原为 C 型产气荚膜杆菌（魏氏梭菌）；主要侵害 1 ~ 3 日龄的仔猪，粪便红褐色（亚急性型的为黄色），粪便中含有灰白色的组织碎片；每窝仔猪中一部分（1 ~ 4 头）表现症状，通常较大和较健康的猪先发生，急性症状的病死率高达100%，慢性的存活率较高；剖检可见皮下胶冻样浸润，胸腔、腹腔、心包积水呈樱桃红色，空肠暗红色，肠内容物暗红色；肠黏膜下层或淋巴结有小气泡；细菌分离鉴定可见革兰氏阳性的两端钝圆的单个或双个杆菌；进一步生化鉴定为产气荚膜梭菌。

（6）**猪轮状病毒感染与猪伪狂犬病的鉴别** 二者均有精神沉郁、呕吐、腹泻、脱水等临床症状。但二者的区别在于：猪伪狂犬病的病原为猪伪狂犬病病毒；患猪发病时体温升高，为41～41.5℃；除了呕吐和腹泻外，还有神经症状；同时，母猪可见流产、死胎和木乃伊胎儿；对于仔猪，伪狂犬病病死率很高；剖检可见鼻腔扁桃体炎性水肿；取发病仔猪延脑制成乳剂后，肌内注射兔子的腿部，几天后，注射部位出现奇痒，即可确诊；同时实验室的直接免疫荧光、酶联免疫吸附试验等也可以确诊。

（7）**猪轮状病毒感染与猪痢疾的鉴别** 二者均有精神沉郁、腹泻、脱水等临床症状。但二者的区别在于：猪痢疾的病原为密螺旋体；不同年龄、不同品种的猪均可感染，1.5～4月龄猪最为常见，无明显的季节性，以黏液性和出血性下痢为特征，初期粪便稀软，后有半透明黏液使粪便呈胶冻样；剖检病变主要在大肠，可见结肠、盲肠黏膜肿胀、出血，肠内容物呈酱色或巧克力色，大肠黏膜可见坏死，有黄色或灰色伪膜；显微镜检查可见猪密螺旋体，每个视野2个以上。

【防治措施】目前无特效的治疗药物。发现病猪立即隔离，停止喂乳，以葡萄糖盐水或复方葡萄糖溶液（葡萄糖43.20g，氯化钠9.20g，甘氨酸6.60g，柠檬酸0.52g，柠檬酸钾0.13g，无水磷酸钾4.35g，溶于2000mL水中即成）让病猪自由饮用。同时，进行对症治疗，投服收敛止泻剂，如药用炭、碱式硝酸铋、矽炭银等，使用抗菌药物如青霉素、链霉素、庆大霉素或恩诺沙星等防止继发细菌性感染，脱水严重时可静脉注射5%葡萄糖注射液、生理盐水或复方氯化钠注射液等。必要时用5%碳酸氢钠注射液纠正酸中毒，一般都可获得较好的疗效。

加强饲养管理，认真执行一般的兽医防疫措施，增强母猪和仔

猪病毒性传染病的诊治

猪的抵抗力。在流行地区，可用猪轮状病毒油佐剂苗于妊娠母猪临产前 30 天，肌内注射 2mL；仔猪于 7 日龄和 21 日龄各注射 1 次，注射部位在后海穴（尾根和肛门之间凹窝处），每次每头注射 0.5mL。弱毒苗于临产前 5 周和 2 周分别肌内注射 1 次，每次每头 1mL。同时要使新生仔猪早吃初乳，接受母源抗体的保护以减少发病和减轻病症。

> ➡ 【提示】 除了市面上常用的接种疫苗，可自备疫苗。取病猪的淋巴、肺脏等，制备自家灭活疫苗，这样能更有针对性地预防控制此病。

七 猪伪狂犬病

猪伪狂犬病是由伪狂犬病病毒引起的一种多种哺乳动物和鸟类的急性传染病，其主要特征是发热及中枢神经系统障碍。成年猪常为隐性感染，妊娠母猪可出现流产、死胎及木乃伊胎，新生仔猪除表现发热和神经症状外，还可见消化系统症状。

【流行特点】一般呈地方流行性发生，一年四季均可发生，但多发生于冬、春两季和产仔旺季。一般是分娩高峰的猪舍首先发病，几乎每窝仔猪均发病，窝发病率几乎可达 100%，单发较少，由整窝发病变为一窝有 2~5 头发病，死亡率下降，其他猪舍为散发，死亡率也较低，发病猪主要是 15 日龄以内仔猪，最早为 4 日龄仔猪，发病率几乎可达 100%，死亡率约为 85%，随着年龄的增长，发病率和死亡率逐渐降低，成猪多为隐性感染。

对伪狂犬病病毒有易感性的动物甚多，有猪、牛、羊、犬及某些野生动物等。病猪和隐性感染猪可长期带毒排毒，是本病的主要传染源。鼠类粪尿中含大量病毒，也能传播本病。本病的传播途径较多，经消化道、呼吸道、破损的皮肤以及生殖道均可感染。仔猪常因吃了感染母猪的乳汁而发病，妊娠母猪感染本病后，病毒可经胎盘而使胎儿感染，以致引起流产和死胎。

【临床症状】哺乳仔猪症状最为严重，仔猪产下后一般都很健壮，膘情好，产仔数也较多，1~3 日龄的状况正常，发病初期眼周围发红，闭目昏睡，体温升高，呼吸困难，口角有较多泡沫或大量流涎，呕吐，下痢，食欲不振，精神沉郁，肌肉震颤，步态不稳，四肢运动不协调，后躯麻痹，眼球震颤，最常见而且突出的是间歇性抽搐、肌肉痉挛性收缩，角弓反张，仰头歪颈，有前进或后退或转圈等强迫运动症状，呈现癫痫样发作及昏睡等现象（图4-1），持续4~10min，症状逐渐缓解，间歇数分钟至数十分钟后，又重复出现，一般多数病猪于症状出现后1~2天内死亡，病死率可达100%。若发病6天后才出现神经症状，则有恢复的希望，但可能有永久性后遗症，如眼瞎、偏瘫、发育障碍等。

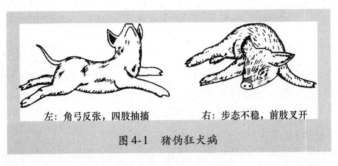

左：角弓反张，四肢抽搐　　　右：步态不稳，前肢叉开

图4-1　猪伪狂犬病

　　断乳幼猪的一般症状和神经症状较仔猪轻，病死率也低，病程一般为4~8天，病猪表现为体温升高，呼吸迫促，被毛粗乱，食欲减退或废绝，耳尖发绀，如果在断奶前后发生腹泻，排黄色水样粪便，这样的病猪死亡率可达100%。

　　育肥猪常呈隐性感染，较常见的症状为微热，打喷嚏或咳嗽，精神沉郁，便秘，食欲不振，数日即恢复正常。有的病猪可能见到"犬坐姿势"，偶尔出现呕吐或腹泻，很少见到神经症状。

　　妊娠母猪于受孕后40天以上感染时，常有流产、死产及延迟分娩等现象。流产、死产，胎儿大小相差不显著，无畸形胎，死产胎儿有不同程度的软化现象，流产胎儿大多甚为新鲜，脑壳及臀部皮肤有出血点，胸腔、腹腔、心包腔有多量棕褐色滞留液，肾及心肌出血，肝、脾有灰白色坏死点。母猪怀孕末期感染时，可有活产胎儿，但往往因活力差，于产后不久出现典型的神经症状而死亡。母猪于流产、死产前后，大多没有明显的临床症状。

【病理变化】临床上呈现严重神经症状的病猪，死后常见明显的脑膜充血及脑脊液增加，鼻咽部充血。或有卡他性、化脓性、出血性炎症，扁桃体水肿，并伴有咽炎和喉头水肿及其淋巴结有坏死病灶，杓状软骨和会厌软骨常有纤维素性坏死性伪膜覆盖，肺可见水肿和出血点，上呼吸道内有大量泡沫样水肿液，肝脏和脾脏有 1～2mm 大小的灰白色坏死点，心肌松软、水肿，心内膜有斑状或点状出血，心包积液，肾点状出血，胃底部有大面积出血，小肠黏膜水肿、充血，大肠黏膜出血。组织学检查，有非化脓性脑膜炎及神经节炎变化。

【鉴别诊断】

（1）**猪伪狂犬病与猪链球菌病的鉴别** 二者均表现食欲不振、体温升高和精神症状。但二者的区别在于：猪链球菌病的病原为链球菌；病猪除有神经症状外，常伴有败血症及多发性关节炎症状，白细胞数增加；用青霉素等抗生素治疗有良好效果。

（2）**猪伪狂犬病与猪水肿病的鉴别** 二者均表现精神沉郁、运动失调、痉挛等精神症状。但二者的区别在于：猪水肿病的病原为大肠杆菌，多发生于离乳期；病猪脸部、眼睑水肿，体温不高，声音改变；剖检可见胃壁及结肠袢肠系膜水肿；从肠系膜淋巴结及小肠内容物中容易分离到致病性大肠杆菌。

（3）**猪伪狂犬病与猪食盐中毒的鉴别** 二者均表现精神沉郁、运动失调、痉挛等精神症状。但二者的区别在于：猪食盐中毒为非传染病，患猪有吃食盐过多的病史，其体温不高，喜欢喝水，无传染性；病理组织学检查在小脑部血管有证病意义的嗜酸性粒细胞管套；检测血钠达 180～190mmol/L，嗜酸性细胞减少。

（4）**猪伪狂犬病与猪瘟的鉴别** 二者均表现食欲不振、体温升高、木乃伊胎和精神沉郁、运动失调、痉挛等精神症状。但二者的区别在于：猪瘟的病原为猪瘟病毒；妊娠母猪感染后，主要发生木乃伊胎和死产现象；死产胎儿呈现皮下水肿、腹水、头部和四肢畸形、皮肤和四肢点状出血、肺和小脑发育不全以及肝脏有坏死灶等病变；采集病猪的扁桃体或死猪的脾脏和淋巴结，送实验室做冰冻切片或组织切片，丙酮固定后用猪瘟荧光抗体染色检查，2～3h 即可确诊，检出率达90%以上。

(5) **猪伪狂犬病与猪细小病毒感染的鉴别**　二者均表现母猪流产、死胎、木乃伊胎等症状。但二者的区别在于：猪细小病毒感染的病原为细小病毒；本病无季节性，流产几乎只发生于头胎，母猪除流产外无任何症状，其他猪即使感染猪细小病毒，也无任何症状，木乃伊胎现象非常明显。

(6) **猪伪狂犬病与猪繁殖与呼吸综合征的鉴别**　二者均表现母猪流产、死胎、木乃伊胎等症状。但二者的区别在于：猪繁殖与呼吸综合征的病原为猪繁殖与呼吸综合征病毒；本病感染猪群早期有类似流感的症状；除母猪发生流产、早产和死产外，患病哺乳仔猪高度呼吸困难，1周内的新生仔猪病死率很高，主要病变为细胞性间质性肺炎；公猪和育肥猪都有发热、厌食及呼吸困难症状。

(7) **猪伪狂犬病与猪流行性乙型脑炎的鉴别**　二者均表现母猪流产、死胎、木乃伊胎和精神沉郁、运动失调、痉挛等精神症状。但二者的区别在于：猪流行性乙型脑炎的病原为猪流行性乙型脑炎病毒；本病仅发生于蚊蝇活动季节，除妊娠母猪发生流产和产死胎外，公猪可发生睾丸肿胀，一般为单侧；其他小猪呈现体温升高，精神沉郁，肢腿轻度麻痹等神经症状。

【防治措施】

(1) **治疗**　本病目前尚无特效疗法，在病猪出现神经症状之前，注射高免血清或病愈猪血液，有一定疗效，但是耐过猪长期携带病毒，应继续隔离饲养。

(2) **预防**　坚持自繁自养，如果需要购进猪只时，应从洁净猪场购进，严格地隔离检疫1个月，并采血送实验室检查。保持猪舍地面、墙壁、设施及用具等的卫生，坚持每周消毒1次，粪尿及时清扫，放入发酵池或沼气池处理。全场范围内捕灭鼠类及野生动物等，严禁散养家禽和犬、猫进入猪场。

⚠ **【注意】** 伪狂犬病为多种动物共患病，鼠类是该病的重要传播媒介。因此，猪场要重视灭鼠工作，严防鼠类传播伪狂犬病。

感染种猪场的净化可根据种猪场的条件分别采取以下措施：全

猪病毒性传染病的诊治

41

群淘汰更新，适用于高度污染的种猪场，种猪血统并不太昂贵者，猪舍的设备不允许采用其他方法清除本病者；淘汰阳性反应猪，每隔30天以血清学试验检查1次，连续检查4次以上，直至淘汰完阳性反应猪为止；隔离饲养阳性反应母猪所生的后裔，为保全优良血统，对阳性反应母猪的后裔，在3~4周龄断奶时，分别按窝隔离饲养至16周龄，以血清学试验测其抗体，淘汰阳性反应猪，经30天再测其抗体，连续2次检疫均为阴性者，可作为后备种猪；注射伪狂犬病油乳剂灭活苗，种猪（包括公、母）每6个月注射1次，母猪于产前1个月再加强免疫1次。种猪场仔猪于1月龄左右注射1次，隔4~5周重复注射1次，以后隔半年注射1次。种猪场一般不宜用弱毒疫苗。

发病肥育猪场的处理方法，除发病乳猪、仔猪予以淘汰外，其余仔猪和母猪一律注射伪狂犬病弱毒疫苗（K_{61}弱毒株），乳猪第一次注苗0.5mL，断奶后再注苗1mL，3月龄以上的中猪、成猪及妊娠母猪（产前1个月）注苗2mL，免疫期1年。也可注射伪狂犬病油乳剂灭活苗，除免疫注射外，应加强猪场的一般综合性防治措施，防止伪狂犬病的传播。

● 【提示】 伪狂犬病免疫最好选择基因缺失疫苗，便于净化和监测。

八　猪细小病毒感染

猪细小病毒感染又称猪繁殖障碍病，是由细小病毒引起的繁殖失常。其特征为受感染的母猪，特别是初产母猪产生死胎、畸形胎、木乃伊胎或病弱仔猪，偶有流产，但母猪本身无明显症状。

【流行特点】猪是唯一已知的易感动物。本病通过胎盘传给胎儿，感染母猪所产死胎、木乃伊胎或活胎组织内带有病毒，并可由阴道分泌物、粪便或其他分泌物排毒。感染公猪的精液也含有病毒，可通过配种传染给母猪。污染的猪舍是猪细小病毒的主要储存场所。本病主要发生于初产母猪，呈地方性或散发性流行。疾病发生后，猪场可能连续几年不断出现母猪繁殖功能失常。母猪妊娠早期感染本病毒时，胚胎、胎猪死亡率可高达80%～100%。

【临床症状】 主要表现为母猪繁殖失能，如多次发情而不受孕，或产出死胎、木乃伊以及只产少数仔猪，并可出现流产。这种情况与母猪不同孕期感染有关。在妊娠30～50天感染时，主要是产木乃伊胎，如早期死亡，产出小的黑色木乃伊胎，如晚期死亡，则子宫内有较大木乃伊胎；妊娠50～60天感染时，主要产死胎；妊娠70天感染时，常出现流产；妊娠70天之后感染，母猪多能正常生产，但产出的仔猪有抗体和带毒，有些甚至能成为终身带毒者。如果将这些猪留作种用，此病很可能在猪群中长期存在，难以根除。公猪感染本病毒后，其受精率或性欲不受明显的影响。所以，特别注意带毒种公猪通过配种将此病传染给母猪。

【病理变化】 妊娠母猪感染未见明显的肉眼病变，仅见子宫内膜有轻微炎症。胎儿在子宫内有被溶解、吸收的现象，受感染的胎儿表现不同程度的发育障碍和生长不良，可见充血、水肿、出血、体腔积液、脱水（木乃伊化）及坏死等病变。

【鉴别诊断】

(1) 猪细小病毒感染与猪繁殖与呼吸综合征的鉴别　二者均表现不孕、死胎、木乃伊胎等繁殖障碍症状。但二者的区别在于：猪繁殖与呼吸综合征的病原为Lelystacl病毒；病母猪厌食，昏睡，呼吸困难，体温升高；除了死胎，流产、木乃伊胎外，还有提前2～8天出现早产的，在两个星期间流产、早产的猪超过80%，1周龄内仔猪病死率大于25%；其他猪只也出现厌食、昏睡、咳嗽、呼吸困难等病症，部分仔猪可出现耳朵发绀现象。

(2) 猪细小病毒感染与猪衣原体病的鉴别　二者均表现不孕、死胎、木乃伊胎等繁殖障碍症状。但二者的区别在于：猪衣原体病的病原为衣原体；衣原体感染母猪所产仔猪表现为发绀、寒战、尖叫，吸乳无力，步态不稳，恶性腹泻；病程长的可出现肺炎、肠炎、关节炎、结膜炎；公猪出现睾丸炎、附睾炎、尿道炎、龟头包皮炎等。

(3) 猪细小病毒感染与猪流行性乙型脑炎的鉴别　二者均表现不孕、死胎、木乃伊胎等繁殖障碍症状。但二者的区别在于：猪流

猪病毒性传染病的诊治

第四章

43

行性乙型脑炎的病原为猪流行性乙型脑炎病毒；发病高峰期在7~9月，体温较高（40~41.5℃），同窝的胎儿大小及病变有很大的差异，虽然也有整窝的木乃伊胎，多数超过预产期才分娩；生后仔猪高度衰弱，并伴有震颤、抽搐、癫痫等神经症状，公猪多患有单侧睾丸炎，有热痛；剖检可见脑室积液呈黄红色，软脑膜树枝状充血，脑沟回变浅，出血。

（4）猪细小病毒感染与猪布氏杆菌病的鉴别 二者均表现不孕、流产、死胎等繁殖障碍症状。但二者的区别在于：猪布氏杆菌病的病原为布氏杆菌；母猪流产多发生于妊娠后第4~12周，有的第2~3周即发生流产；流产前精神沉郁，阴唇、乳房肿胀，有时阴户流黏液性或脓性分泌物，一般产后8~10天可以自愈；公猪常见双侧睾丸肿大，触摸有痛感；剖检可见子宫黏膜有许多粟粒大黄色小结节；胎盘有大量出血点；胎膜显著变厚，因水肿而呈胶冻样。

（5）猪细小病毒感染与猪钩端螺旋体病的鉴别 二者均表现流产、死胎、木乃伊胎等繁殖障碍症状。但二者的区别在于：猪钩端螺旋体病的病原为钩端螺旋体，主要在3~6月流行；急性病例在大猪、中猪表现为黄疸，可视黏膜泛黄、发痒，尿红色或浓茶样，亚急性型和慢性型多发于断奶猪或体重为30kg以下的小猪，皮肤发红、黄疸；剖检可见心内膜、肠系膜、肠、膀胱有出血，膀胱内有血红蛋白尿。

（6）猪细小病毒感染与猪伪犬病的鉴别 二者均表现流产、死胎、晚产等繁殖障碍症状。但二者的区别在于：猪伪犬病的病原为猪伪犬病病毒；膘情好而健壮的初生仔猪，生后第二天即表现为眼红、昏睡，体温升高至41~41.5℃，口流白沫，两耳后竖，遇到响声即兴奋尖叫，站立不稳；20日龄至断奶前后，发病的仔猪表现为呼吸困难、流鼻液、咳嗽、腹泻，有的猪出现呕吐；剖检可见母猪胎盘有凝固样坏死；流产胎儿的实质脏器也出现凝固样坏死；用延脑制成无菌悬液，肌内皮下注射，大腿内侧的皮下出现瘙痒，注射部位被撕咬出血，可以确诊。

【防治措施】本病尚无有效治疗方法。为了控制本病，首先应控制带毒猪传入猪场。在引进种猪时应加强检疫，采集其血清做血凝抑制试验，当血凝抑制滴度在1：256以下时，方可以引进。引进猪须隔离饲养2周，再进行一次血凝抑制试验，证实是阴性者，方可与本场猪混饲。在本病污染猪场，对初产母猪在配种前可通过自然感染或疫苗接种的方法，使猪获得主动免疫力，控制本病的发生。在一群血清阴性的后备母猪中放进一些血清阳性的母猪（可能是带毒猪）同圈饲养，通过带毒母猪的排毒，使初产母猪受到感染而产生免疫力。这种方法的缺点是，猪场受强毒污染严重，不能作为种猪输出，且这种方法只适用于本病流行的地区。我国现有细小病毒灭活疫苗，在母猪配种前1～2个月进行免疫接种，可预防本病的发生。仔猪母源抗体可持续14～24周，在抗体滴度高于1：80时可抵抗猪细小病毒感染。因此，仔猪断奶后移到无本病流行的地区饲养，可培育出阴性母猪。

> ❷ 【提示】 猪细小病毒对外界环境的抵抗力很强，消毒要选用漂白粉、氢氧化钠、甲醛溶液和氨水等消毒剂。

九 猪传染性胃肠炎

猪传染性胃肠炎是由冠状病毒引起的急性、高度接触性消化道传染病，其主要特征是多发生于寒冷季节，急性腹泻，同时出现呕吐。

【流行特点】 本病除猪以外，其他动物不感染，发病有明显季节性，多发于冬、春寒冷季节（12月～第二年4月），具有高度接触传染性，常呈地方性流行。不同年龄、性别、品种的猪均能发病，但以仔猪发病最严重，特别是10日龄以内的仔猪死亡率高。病猪粪便的排毒时间可达2个月之久，传染途径主要是消化道，另外病毒也可由呼吸道传染。

【临床症状】 潜伏期一般为12～18h，所以一个猪场刚开始发病，在1～3天内可使全群感染。仔猪发生呕吐、腹泻及口渴，粪便白色、黄色或绿色，内含有未消化母乳，后呈水样，甚至向外喷射，腹部、耳尖及肛门附近皮肤发紫，迅速脱水消瘦，多随继死亡，7日龄以内的仔猪死亡率可达100%。成年猪症状轻微，有的食欲不振、

呕吐及腹泻，母猪泌乳停止，一般症状持续 5~7 天即停止，逐渐恢复食欲，很少出现死亡。

【病理变化】病变主要在消化道，胃肠黏膜充血、点状出血，胃肠腔内充满稀薄的食糜呈灰黄色。肠系膜血管、肝、脾、肾、淋巴结均表现明显的瘀血，心肌因衰竭而扩张。左心室内膜和冠状沟有明显的出血点和出血斑。

【鉴别诊断】

(1) 猪传染性胃肠炎与猪流行性腹泻的鉴别 二者在临床上都是以腹泻为主，失水相似。但二者的区别在于：猪流行性腹泻的病原为冠状病毒，多发生于寒冷季节，大小猪几乎同时发生腹泻，大猪在数日内可康复，乳猪有部分死亡；应用猪流行性腹泻病毒的荧光抗体或免疫电镜可检测出猪流行性腹泻病毒抗原或病毒。

⚠ **【注意】** 猪传染性胃肠炎和猪流行性腹泻症状及剖检病理变化极为相似，确诊必须进行实验室诊断。

(2) 猪传染性胃肠炎与猪轮状病毒感染的鉴别 二者均有精神沉郁，呕吐、腹泻、脱水等临床症状。但二者的区别在于：猪轮状病毒感染的病原为轮状病毒；在一般情况下，猪轮状病毒主要发生于 8 周龄以内的仔猪，虽然也有呕吐，但是没有猪传染性胃肠炎严重；病死率也相对较低；剖检不见胃底出血；应用轮状病毒的荧光抗体或免疫电镜可检出轮状病毒。

(3) 猪传染性胃肠炎与仔猪红痢的鉴别 二者均有精神沉郁，腹泻、脱水等临床症状。但二者的区别在于：仔猪红痢的病原为 C型产气荚膜杆菌；一般只在 7 日龄以内仔猪发生，不见呕吐；腹泻为红褐色粪便；病程为最急性或急性；剖检可见小肠出血、坏死，肠内容物呈红色，坏死肠段浆膜下有气泡等病变，能分离出产气荚膜梭菌；一般来不及治疗。

(4) 猪传染性胃肠炎与仔猪黄痢的鉴别 二者均有精神沉郁，腹泻、脱水等临床症状。但二者的区别在于：仔猪黄痢的病原为大肠杆菌；该病多发于 1 周龄以内的仔猪，病猪排黄色稀粪，但较少发生呕吐，病程为最急性或急性；剖检可见十二指肠、空肠，肠壁变薄，严重的呈透明状；胃黏膜可见红色出血斑，肠内容物多为黄色；细菌分离鉴定，仔猪黄痢可从粪便和肠内容物中分离到致病性大肠杆菌。

(5) 猪传染性胃肠炎与仔猪白痢的鉴别　二者均有精神沉郁，腹泻、脱水等临床症状。但二者的区别在于：仔猪白痢的病原为大肠杆菌；该病多发于 10 ~ 20 日龄的仔猪；病猪排乳白色稀粪，有特异腥臭味；一般不见呕吐；剖检病变主要在胃和小肠的前部；肠壁菲薄透明，不见出血表现；细菌分离鉴定可见致病性大肠杆菌，抗生素和磺胺类药物对该病有较好疗效。

(6) 猪传染性胃肠炎与猪痢疾的鉴别　二者均有精神沉郁，腹泻、脱水等临床症状。但二者的区别在于：猪痢疾的病原为密螺旋体；不同年龄、不同品种的猪均可感染，1.5 ~ 4 月龄猪最为常见，无明显的季节性，以黏液性和出血性下痢为特征，初期粪便稀软，后有半透明黏液使粪便呈胶冻样；剖检病变主要在大肠，可见结肠、盲肠黏膜肿胀、出血，肠内容物呈酱色或巧克力色，大肠黏膜可见坏死，有黄色或灰色伪膜；显微镜检查可见猪密螺旋体，每个视野 2 个以上。

(7) 猪传染性胃肠炎与猪坏死性肠炎的鉴别　二者均有精神沉郁，腹泻、脱水等临床症状。但二者的区别在于：猪坏死性肠炎的病原为坏死杆菌；该病急性病例多发生于 4 ~ 12 月龄间的猪，主要表现为排焦黑色粪便或血痢而突然死亡；慢性病例常见于 6 ~ 20 周龄的育肥猪，病死率一般低于 5%；下痢呈糊状、棕色或水样，有时混有血液，体重下降，生长缓慢（最常见）；剖检最常见的病变部位位于小肠末端 50cm 处以及邻近结肠上 1/3 处，并可形成不同程度的增生变化，可以看到病变部位肠壁增厚，肠管变粗，病变部位回肠内层增厚。

【防治措施】

1）加强饲养管理，做好产房和保育舍的保温工作，如果产房和保育舍温度维持在 25 ~ 26℃，基本上可以控制本病的发生，即使个别发生，症状也比较轻。

2）做好卫生消毒工作。本病主要在冬季严寒时期发生，饲养员

第四章　猪病毒性传染病的诊治

47

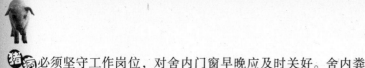

必须坚守工作岗位，对舍内门窗早晚应及时关好。舍内粪便及时清除，出入口设有消毒池，经常进行消毒。

3）在本病多发地区，每年入冬前（8~9月）对全场仔猪进行疫苗预防接种。

4）本病目前没有特效的治疗药物，为了防止其严重脱水而死亡，在仔猪发病期可用盐水补液（葡萄糖20g、氯化钠3.4g、氯化钾1.5g、碳酸氢钠2.5g，温水1000mL）。

> ⚠ **【注意】** 猪传染性胃肠炎康复猪带毒时间长达8周，是主要传染源，所以猪场在此病流行结束后仍要高度重视粪便处理和消毒工作。
>
> 因其治疗效果往往不佳，故应特别重视预防工作，主要从加强饲养管理和疫苗免疫入手。

➕ 猪流行性腹泻

猪流行性腹泻是由猪流行性腹泻病毒引起的一种急性肠道传染病。其主要特征为病猪排水样便，呕吐，脱水。

【流行特点】本病的发生有一定的季节性，我国多发生于冬季，特别是12月~第二年2月发生最多。不同年龄、品种和性别的猪都能感染发病，哺乳猪和架子猪以及肥育猪的发病率通常为100%，母猪为15%~90%，病猪和病愈猪的粪便含有大量病毒，主要经消化道传染，也可经呼吸道传染，并可由呼吸道分泌物排出病毒，传播迅速，数日之内可波及全群。一般流行过程延续4~5周，可自然平息。

【临床症状】临床症状与传染性胃肠炎相似。仔猪的潜伏期为15~30h，肥育猪约2天。病猪开始体温稍升高或仍正常，精神沉郁，食欲减退，继而排水样便，粪便内含有黄白色的凝乳块，呈灰黄色或灰色，腹泻最严重时，排出的几乎全是水，吃食或吮乳后部分仔猪发生呕吐，日龄越小，症状越重，1周龄以内的仔猪常于腹泻2~4天后，因脱水死亡，病死率50%。出生后立即感染本病时，病死率更高。断奶猪、肥育猪及母猪持续腹泻4~7天，逐渐恢复正常。成年猪发生呕吐和厌食。

【病理变化】尸体消瘦脱水、皮肤干燥，胃内有多量黄白色的凝乳块，小肠病变具有特征性，肠管膨满、扩张，含有大量黄色液体，肠壁变薄，小肠绒毛缩短。肠系膜淋巴结水肿。

【鉴别诊断】

（1）**猪流行性腹泻与猪传染性胃肠炎的鉴别**　猪流行性腹泻与猪传染性胃肠炎的流行病学特点、临床症状、病理变化及病毒粒子形态都十分相近，没有办法区分，只有通过血清学方法才能将二者区分开，如直接免疫荧光、中和试验和间接酶联免疫吸附试验等。

（2）**猪流行性腹泻与猪轮状病毒感染的鉴别**　二者均有精神沉郁，腹泻、脱水等临床症状。但二者的区别在于：猪轮状病毒感染的病原为轮状病毒。在一般情况下，该病主要发生于8周龄以内的仔猪，虽然也有呕吐，但是没有猪流行性腹泻严重，病死率也相对较低，不见胃底出血。肠内容物、粪便或病毒分离的细胞培养物经电镜检查可见到轮状病毒粒子。

（3）**猪流行性腹泻与仔猪红痢的鉴别**　二者均有精神沉郁，腹泻、脱水等临床症状。但二者的区别在于：仔猪红痢的病原为C型产气荚膜杆菌；一般只在7日龄以内仔猪发生，不见呕吐；腹泻为红褐色粪便。病程为最急性或急性；剖检可见小肠出血、坏死，肠内容物呈红色，坏死肠段浆膜下有气泡等病变，能分离出产气荚膜梭菌；一般来不及治疗。

（4）**猪流行性腹泻与仔猪黄痢的鉴别**　二者均有精神沉郁，腹泻、脱水等临床症状。但二者的区别在于：仔猪黄痢的病原为大肠杆菌；该病多发于1周龄以内的仔猪，病猪排黄色稀粪，但较少发生呕吐，病程为最急性或急性；剖检可见十二指肠、空肠、肠壁变薄，严重的呈透明状；胃黏膜可见红色出血斑，肠内容物多为黄色；细菌分离鉴定，仔猪黄痢可从粪便和肠内容物中分离到致病性大肠杆菌。

（5）**猪流行性腹泻与仔猪白痢的鉴别**　二者均有精神沉郁，腹泻、脱水等临床症状。但二者的区别在于：仔猪白痢的病原为大肠杆菌；该病多发于10~20日龄的仔猪；病猪排乳白色稀粪，有特异

腥臭味；一般不见呕吐；剖检病变主要在胃和小肠的前部；肠壁菲薄透明，不见出血表现；细菌分离鉴定可见致病性大肠杆菌，抗生素和磺胺类药物对该病有较好疗效。

(6) 猪流行性腹泻与猪痢疾的鉴别 二者均有精神沉郁，腹泻、脱水等临床症状。但二者的区别在于：猪痢疾的病原为密螺旋体；不同年龄、不同品种的猪均可感染，1.5～4月龄猪最为常见，无明显的季节性，以黏液性和出血性下痢为特征，初期粪便稀软，后期伴有半透明黏液使粪便呈胶冻样；剖检病变主要在大肠，可见结肠、盲肠黏膜肿胀、出血，肠内容物呈酱色或巧克力色，大肠黏膜可见坏死，有黄色或灰色伪膜；显微镜检查可见猪密螺旋体，每个视野2个以上。

(7) 猪流行性腹泻与猪坏死性肠炎的鉴别 二者均有精神沉郁，腹泻、脱水等临床症状。但二者的区别在于：猪坏死性肠炎的病原为坏死杆菌；该病急性病例多发生于4～12月龄间的猪，主要表现为排焦黑色粪便或血痢并突然死亡；慢性病例常见于6～20周龄的育肥猪，病死率一般低于5%；下痢呈糊状、棕色或水样，有时混有血液，体重下降，生长缓慢（最常出现）；剖检最常见的病变部位位于小肠末端50cm处以及邻近结肠上1/3处，并可形成不同程度的增生变化，可以看到病变部位肠壁增厚，肠管变粗，病变部位回肠内层增厚。

【防治措施】预防主要采取疫苗接种的方法。中国农业科学院哈尔滨兽医研究所研制的猪流行性腹泻组织灭活疫苗有很好的免疫效果。使用方法为后海穴接种。被动免疫：于母猪产前20～30天注射3mL。主动免疫：仔猪10kg以内的每头注射0.5mL；10～15kg体重的，每头注射1mL；25～50kg体重的，每头2mL；50kg以上的每头3mL。也可以使用猪传染性胃肠炎与猪流行性腹泻二联灭活疫苗和弱毒疫苗。

⚠ 【注意】 除了一般性的防治措施以外，还应该注意提高产仔舍的温度，一般应该在30℃以上，可以减少本病的发生。

目前尚无特效治疗方法，通常采用对症治疗，可以减少仔猪死亡率，促进康复，病猪可每日饮服或灌服补液盐溶液（氯化钠3.5g，碳酸氢钠2.5g，氯化钾1.5g，葡萄糖20g，常水1000mL），为防止继发感染，可应用抗生素、磺胺类药、抗菌增效剂等进行治疗，也可试用康复猪或母猪血清进行注射或口服治疗。

十一 猪传染性脑脊髓炎

猪传染性脑脊髓炎是由脑脊髓炎病毒引起的中枢神经系统传染病，其主要特征是四肢麻痹和脑、脊髓炎。

【流行特点】猪是唯一的易感动物，幼龄仔猪（4~5周龄）最易发病，成猪多为隐性感染，病猪和健康带毒猪随粪便排毒，主要通过污染的饲料、饮水等经消化道感染，经呼吸道和其他途径感染也是重要的传播途径。在新疫区，发病率和病死率较高，在老疫区，多呈散发。当本地变为地方性流行和产生畜群免疫时，主要局限在断奶猪和幼龄猪排毒，成年猪通常具有高的循环抗体水平，吸吮母乳的仔猪因母乳中含有较高的抗体而不感染，若母乳中抗体水平低或无，则仔猪断奶前也可能发病。

【临床症状】潜伏期约6天，病的早期发热（40~41℃），精神沉郁，食欲减退或废绝，倦怠和后肢发生轻度不协调，随后出现神经症状，表现共济失调。病情严重者，出现眼球震颤，肌肉抽搐，头颈后弯，昏迷。接着发生麻痹，有时呈犬坐姿势，或侧面躺下，受到音响或触摸的刺激时，可引起四肢不协调运动或头颈后弯，通常于出现症状的3~4天内死亡，有些病例在精心护理了以后可存活下来，但残留有肌肉萎缩和麻痹症状。

由毒力较低的毒株引起的病例症状较轻，发病率和病死率均低，病初体温升高，后腿控制能力减退，运动失调，背部软弱，这些症状大多可在几天内消失，有些病猪随后出现易兴奋，发抖，平衡失调，运动失控，最后肢体麻痹等症状。14日龄以内的仔猪表现感觉过敏，肌肉震颤，关节着地，共济失调，后退行走，呈犬坐姿势，最终出现脑炎症状。

【病理变化】病变主要分布在脊髓腹角、小脑灰质和脑干。肉眼病变不明显，组织学检查可见非化脓性脑脊髓灰质炎变化，灰质部分的神经细胞变性和坏死，神经胶质细胞增生聚集，有明显的噬神经现象，小血管周围有大量淋巴细胞浸润，形成明显的管套现象。在神经细胞质内有嗜酸性包涵体。病程较长的，有心肌和肌肉萎缩现象。

【鉴别诊断】

(1) 猪传染性脑脊髓炎与仔猪水肿病的鉴别　二者均表现食欲不振、体温升高和运动失调、惊厥、麻痹等临床症状。但二者的区别在于：仔猪水肿病的病原为大肠杆菌，健康的、膘情好的仔猪更容易发病，病死率高，主要是断奶前后的仔猪多发，寒冷和饲养环境的改变可以诱发本病的发生；除了神经症状外，主要表现为眼睑、皮下水肿，剖检可见胃壁、肠系膜水肿，水肿呈胶冻样，胃壁增厚2～3倍。

(2) 猪传染性脑脊髓炎与猪流行性乙型脑炎的鉴别　二者均表现食欲不振、体温升高和精神沉郁、运动失调、痉挛等精神症状。但二者的区别在于：猪流行性乙型脑炎的病原为猪流行性乙型脑炎病毒；本病仅发生于蚊蝇活动季节，除妊娠母猪发生流产和产死胎外，公猪可发生睾丸肿胀，一般为单侧；其他小猪呈现体温升高，精神沉郁，肢腿轻度麻痹等神经症状。

(3) 猪传染性脑脊髓炎与猪伪狂犬病的鉴别　二者均表现仔猪易感、体温升高至41～41.5℃和精神沉郁、运动失调、站立不稳、痉挛、尖叫、角弓反张等临床症状。但二者的区别在于：猪伪狂犬病的病原为伪狂犬病病毒；病猪耳尖发紫，腹泻，呕吐；剖检可见到鼻腔出血性或化脓性炎症、咽喉水肿、浆液浸润，黏膜有出血斑，胃底大面积出血，小肠黏膜出血、水肿；用病猪的延脑制成悬液，注射家兔股内侧皮下，24h后，出现精神沉郁、发热、呼吸加快，注射部位发痒撕咬，4～6h衰竭死亡。

(4) 猪传染性脑脊髓炎与猪血凝性脑脊髓炎的鉴别　二者均表现食欲不振、体温升高和精神沉郁、运动失调、痉挛等临床症状。但二者的区别在于：猪血凝性脑脊髓炎的病原为血球凝集性脑脊髓炎病毒；该病表现为仅有少数的猪体温升高，病猪常聚堆，咳嗽、打喷嚏；病程10天左右；剖检可见卡他性鼻炎、非化脓性脑炎的变化；实验室诊断是区分和确诊的最可靠方法。

（5）**猪传染性脑脊髓炎与猪李氏杆菌病的鉴别**　二者均表现体温升高和精神沉郁、运动失调，站立不稳，痉挛等临床症状；并均有脑及脑膜充血水肿等剖检病变。但二者的区别在于：猪李氏杆菌病的病原为李氏杆菌，多发生于断乳后的仔猪，初期兴奋时表现为盲目乱跑或低头抵墙不动，四肢张开，头颈后仰如"观星"姿势；剖检可见脑干特别是脑桥、延髓和脊髓变软，有小的化脓灶。

（6）**猪传染性脑脊髓炎与猪食盐中毒的鉴别**　二者均表现全身肌肉痉挛，震颤，僵硬等临床症状。但二者的区别在于：猪食盐中毒是因采食含盐多的食物而发病；病猪表现口渴，喜饮，尿少或无尿，口腔黏膜潮红肿胀，兴奋时奔跑，急性瞳孔散大，腹下皮肤发绀。

【防治措施】本病目前尚无特效疗法。在加强护理的基础上进行对症治疗，有一定效果。也可试用康复猪的血清或血液进行治疗。

要特别注意引进种猪的检疫，以防止引入带病毒猪。一旦发生本病，要迅速确诊，坚决采取隔离、消毒等措施，予以消灭。疫情严重时，可试用组织培养灭活疫苗或弱毒疫苗，或让母猪在怀孕前1个月与发生过本病的猪舍的猪接触，使其轻度感染，产生免疫力，以保护将来出生的哺乳仔猪。

⚠️【注意】　由于猪传染性脑脊髓炎发病率较低，且第一头病猪的病程较短，有的仅见神经症状，临床上与猪伪狂犬病、猪李氏杆菌病、猪流行性乙型脑炎等症状较为相似，容易引起误诊。因此，在诊断时注意鉴别诊断。在生产中，要严格把好"引种关"，对于新引进的种猪进行严格检疫，等一切正常后方可混群饲养。若1头猪发病，必须全窝或全群同时用药，以保护健康猪群，提高治愈率，减少死亡率。

十二　猪流行性乙型脑炎

猪流行性乙型脑炎，也叫日本乙型脑炎，是由乙脑病毒引起的一种人畜共患的急性传染病。妊娠母猪感染后表现流产和死胎，公

猪发生睾丸炎，肥育猪持续性高热，仔猪常呈脑炎症状。

【流行特点】本病可感染多种动物和人，主要通过蚊虫传播，由于蚊子感染乙脑可以终生带毒，并能在蚊子体内增殖病毒越冬，成为第二年传染源。因此，乙脑流行有明显的季节性，多发生于夏秋蚊子滋生季节。

【临床症状】患病后肥育猪精神沉郁，食欲减退，饮欲增加，体温升高到41℃左右，嗜睡喜卧，强行赶起，则摇头甩尾，似正常样，但不久又卧下。结膜潮红，粪便干燥，尿呈深黄色。仔猪可发生神经症状，如磨牙、口吐白沫、转圈运动、视力障碍、盲目冲撞等，最后倒地不起而死亡。

成年猪或妊娠母猪自身在受乙型脑炎病毒感染后不一定表现临床症状，但妊娠母猪感染后，表现流产，胎儿多是死胎或木乃伊胎，也有发育正常的胎儿。

公猪感染后，睾丸发炎，常表现一侧性肿大，触摸有热感，体温升高，精神不振，食欲减退，性欲降低。经2~3天后炎症开始消失，但睾丸变硬或萎缩造成终生不育。

【病理变化】脑、脑膜和脊髓膜充血，脑室和脑硬膜下腔积液增多。睾丸切面可见颗粒状小坏死灶，最明显的变化是楔状或斑点状出血和坏死。间质结缔组织增生，常与阴囊粘连。

母猪子宫黏膜充血，黏膜表面有较多的黏液。死胎皮下水肿、肌褪色如水煮样。胸腔和心包腔积液，心、脾、肾、肝肿胀并有小点出血。

【防治措施】

1）采取综合性防疫卫生措施。要经常注意猪场周围的环境卫生，排除积水，消除蚊、蝇的滋生场所，同时也可使用驱虫药在猪舍内外经常喷洒消灭蚊、蝇。

2）及时进行免疫。受本病威胁的地区可使用猪乙型脑炎弱毒疫苗，于流行前1个月进行免疫接种。

3）本病目前尚无特效治疗药物，但可根据实际情况进行镇静、退热镇痛疗法对症治疗和抗菌药物治疗，以便缩短病程和防止继发感染。

◆ 【提示】 诊断猪流行性乙型脑炎应抓住几个特征，即发生有明显的季节性，呈散发特点，有明显的脑炎症状，妊娠母猪流产或早产，初产母猪多发，公猪发生睾丸炎。

十三 猪血凝性脑脊髓炎

猪血凝性脑脊髓炎是由血球凝集性脑脊髓炎病毒引起的猪的一种急性传染病。主要侵害哺乳仔猪。临床上以呕吐、衰弱、进行性消瘦、便秘及中枢神经系统障碍为特征，因此也称该病为仔猪呕吐-衰弱病，病死率很高。

【流行特点】 特别易感的是哺乳仔猪。传染源是病猪和带毒猪，病毒通常存在于上呼吸道及脑组织中，常通过鼻液传播，经呼吸道和消化道传染，多数是在引进新的种猪之后而发病，侵害一窝或几窝哺乳仔猪，以后由于猪群产生了免疫力而停止发病，被感染的仔猪发病率和死亡率均为100%。较大的猪多为隐性感染，且隐性感染率很高。

【临床症状】 本病根据症状分为脑脊髓炎型和呕吐-衰弱型。两种病型可以同时存在于一个猪群，也可分别存在于不同的猪群或不同的地区。

(1) **脑脊髓炎型** 本病多发生在2周龄以下的仔猪，最早的病例见于4～7日龄仔猪。病猪先食欲废绝，继而发生嗜睡、呕吐、便秘，少数猪体温升高，常聚堆。其后病猪被毛逆立，四肢蓝紫，有些病猪打喷嚏、咳嗽、磨牙，1～3天后大多数出现中枢神经系统障碍症状。大部分病猪的感觉和知觉过敏，如果突然予以骚扰，则嚎叫乱跑，共济失调，步样不自然、不协调，后肢逐渐麻痹而呈犬坐姿势。最后病猪侧卧，四肢做游泳状运动，呼吸困难，眼球震颤，失明，昏迷死亡。病程约10天。病死率几乎为100%，少数不死者可在几天内完全恢复。

(2) **呕吐-衰弱型** 本病病初短期体温升高，反复呕吐，仔猪聚堆，倦怠无力，时常拱背。以后常见病猪磨牙，将嘴伸到水中而又不喝或喝水量少，有的出现咽喉肌肉麻痹，不能吞咽，口角有泡沫样液体或流涎，并有便秘。较小的仔猪在几天之后严重脱水，不食，

第四章 猪病毒性传染病的诊治

结膜蓝紫，昏迷而死亡。较大的猪症状较轻，也表现不食、消瘦、衰弱、呕吐等症状。3周龄以下仔猪的发病率和病死率很高，不死者转为僵猪。

【病理变化】 眼观变化不明显。在某些病例可见到轻微的卡他性鼻炎，在少数呕吐-衰弱型病例中有胃肠炎变化。组织学检查，脑脊髓炎型可见到非化脓性脑脊髓炎变化。呕吐-衰弱型的病例中，有20%～60%的脑组织也可见此种病变，病变的特征是血管周围有单核细胞形成的血管套，神经胶质细胞增生，神经细胞变性。大多数病变见于间脑、延脑、脑桥、上部脊髓等处的灰质部。

【防治措施】 本病目前尚无有效的疫苗，无特效疗法。防止本病的传入，对发病的猪和猪群要及时隔离，临产前2～3周使母猪人工感染猪血凝性脑脊髓炎病毒，可以产生母源抗体，仔猪可以被动获得保护。

十四 猪脑心肌炎

猪脑心肌炎是由脑心肌炎病毒引起的一种急性人畜共患传染病，临床上以呈现急性心肌炎、脑炎和心肌周围炎为特征。

【流行特点】 本病的易感动物较多，如猪、犬鼠、小鼠、松鼠、大象、猴、牛、马都有易感性。20周龄内的猪可发生致死性感染，尤以仔猪更易感，大多数成年猪为隐性感染。主要传染源是带毒的鼠类，通过粪便不断排出病毒。病猪的粪尿虽然也含病毒，但含病毒量较少，病毒主要存在心肌及肝、脾。仔猪主要由于摄食有病的或死的鼠类而感染，或因采食被病毒污染的饲料、饮水而感染。现在证明，本病还可经胎盘感染。本病的发病率和病死率，随饲养管理条件及病毒毒力的强弱而有显著差异，发病率为2%～50%，病死率可达100%。

【临床症状】 猪脑心肌炎在临床上往往是亚临床感染，急性发作的病猪出现短暂的发热（24h之内），精神沉郁，食欲减退或废绝，眼球震颤，步态蹒跚，麻痹，呕吐，下痢，呼吸困难，虚脱，往往在兴奋或吃食时突然倒地死亡，表现出急性心脏病的特征。大部分病猪在死前没有见到症状。妊娠母猪可引起死胎、木乃伊胎、流产等繁殖机能障碍。

【病理变化】病猪腹下皮肤蓝紫，胸腔、腹腔及心包积水呈黄色，内含少量纤维素，肝肿大或皱缩，胃大弯和肠系膜水肿。胃内含有正常的凝乳块，肾脏皱缩，表面有出血点，脾脏因缺血而萎缩，肺充血水肿，右心室扩张，心室心肌特别是右心室心肌，可见很多白色病灶散布，直径 2～15mm，有的呈条纹状，或者为更大的界线不清楚的灰色区域，有时局部病灶上可见一个白色垩样中心，或在弥漫性病灶上见白垩样斑。病理组织学检查，可见心肌变性、坏死，有淋巴细胞及单核细胞浸润。

【防治措施】猪脑心肌炎是一种自然疫源性疾病，目前尚无有效疗法，也无可供使用的疫苗。主要采用综合性防疫措施。应注意防止野生动物进入猪场，尤其是鼠类，要彻底消灭，以防其偷食及污染饲料、饮水，以减少带毒者直接传染猪只。猪群发现可疑病例时，应立即隔离消毒，病死动物应立即进行无害化处理，被污染的猪场应使用含氯的消毒药，如用漂白粉彻底消毒环境，以防止人畜感染。对耐过猪应尽量避免过度骚扰，以防因心脏病后遗症而突然死亡。

十五 猪包涵体鼻炎（巨细胞病毒感染）

猪包涵体鼻炎又称猪巨细胞病毒感染，是以鼻炎症状为特征的一种仔猪常见传染病。

【流行特点】本病的易感动物仅限于猪，引起胎儿和仔猪死亡，患鼻炎、肺炎，发育迟缓和生长缓慢。在管理条件良好的猪群，该病只呈地方性流行。猪巨细胞病毒感染遍布世界各国养猪地区，常通过鼻道散播和传染，其尿液也常造成环境污染。感染本病的妊娠母猪的鼻、眼分泌液，尿液和子宫颈液体以及发病公猪的睾丸及附睾中都可以分离出该病毒。

【临床症状】首次感染本病的成年猪可能有一般性感染症状。在毒血症阶段表现出厌食、倦怠，妊娠母猪在妊娠期无其他临床症状，胎儿感染可能死产，新生仔猪可能产后无症状即死亡。5～10 日龄仔猪感染后表现急性经过，起初频繁打喷嚏、流泪，鼻孔流出浆液性分泌物，而后因鼻塞和吸乳困难，表现沉郁、厌食、消瘦及麻痹症状。有些可在发病后 5 天死亡，病死率最高达 20%，耐过仔猪有的增重较慢。猪巨细胞病毒感染不诱发萎缩性鼻炎，但可致少数青年猪产生鼻甲骨萎缩、颜面变形等温和性鼻炎症状，其他症状还有贫血、苍白、水肿、颤抖和呼吸困难等。亚急性型多发生在 2 周龄以上的仔猪，通常只有轻度的呼吸道感染，发病率和病死率低，多数病猪经 3~4 周恢复正常，4 周龄以上的猪感染后若无并发或继发感染，一般不表现出临床症状。

【病理变化】病变主要发生在上呼吸道。鼻黏膜表面有卡他性-脓性分泌物，鼻黏膜深部和肾表面常有因细胞聚集而形成的灰白色小病灶。严重病例可见胸腔和全身皮下组织显著水肿，在胸腔中可见心包膜和胸膜渗出液，肺水肿遍及全肺，肺尖叶和心叶有肺炎灶，肺小叶腹面呈紫红色。在喉头及跗关节周围皮下水肿明显。所有淋巴结均肿大、水肿并带有瘀血点，肾和心肌有点状出血，瘀血点在肾包膜下最为广泛，以致肾外观呈斑点状或完全发紫、发黑。少数病例的小肠可见出血，病变从整个肠段到小于 1cm 长的局部区域。胎儿感染不出现肉眼可见的特征性病变，其典型病变是在繁殖障碍时出现死产、木乃伊胎、胚胎死亡和不育。木乃伊胎随机分布，有时随胎龄而异。3 月龄以上猪几乎无肉眼可见病变。

【防治措施】

1）在本病呈地方性流行的猪群中，采取良好的管理体系，该病似乎不会造成太大的危害。

2）在引种时应严格检疫。

3）通过剖腹产可建立无病毒猪群。由于本病毒能通过胎盘感染。因此，必须对子代至少在产后 70 天连续做认真的血清学监测。

4）本病毒分布广泛，目前尚无理想疫苗。患过本病的猪初乳内含中和抗体，对哺乳仔猪有一定的保护力。

5）对本病无特异性治疗手段。在发生鼻炎时，为预防细菌继发感染可使用抗生素药物。

十六　仔猪先天性震颤

仔猪先天性震颤又叫传染性先天性震颤，是仔猪刚出生不久，出现全身或局部肌肉阵发性挛缩的一种疾病。本病广泛分布于世界各地，多呈散发性发生。

【流行特点】本病仅见于新生仔猪，受感染母猪怀孕期间不显示临床症状。成年猪多为隐性感染。本病是由母猪经胎盘传播给仔猪的，未发现仔猪间相互传播的现象。公猪可能通过交配传给母猪，母猪若产过 1 窝发病仔猪，则以后产的几窝仔猪都不发病，在同一感染猪群中，产仔季节早期出生的仔猪，症状最重，随着季节的推移，后来出生的仔猪的震颤症状就较为轻微，不同品种及其杂交猪对本病的易感性没有明显差别。有人认为，本病的发生与母猪孕期营养不良有关、如维生素和无机盐缺乏，磷、钙比例失调等，可促进本病的发生。

【临床症状】母猪在发病仔猪生出的前后无明显的临床症状。仔猪的症状轻重不等，若全窝仔猪发病，则症状往往严重，若一窝中只有部分仔猪发病，则症状较轻。震颤呈双侧性，一般表现在头部、四肢和尾部。轻的仅限于耳、尾，重的可见全身抖动，表现为剧烈的、有节奏的、阵发性痉挛。由于震颤严重，使仔猪行动困难，无法吃奶，常饥饿而死。仔猪如果能存活 1 周，则一般不死，通常于 3 周内震颤程度逐渐减轻以至消失，有的病猪因剧烈震颤，将尾巴抖掉（磨掉）。缓解期或睡眠时震颤减轻或消失，但因噪声、寒冷等外界刺激，可引发或加重症状。症状轻微的病猪可在数日内恢复，症状严重者耐过后，仍有可能长期遗留轻的震颤，且生长发育也受到影响。

【病理变化】病猪无肉眼可见的明显病变。对中枢神经的组织学检查，可见明显的髓鞘形成不全，脑血管周围充血，小脑发育不全，小动脉轻度炎症和变性，小脑硬脑膜纵沟窦水肿、增厚和出血等。

【防治措施】本病试用过许多种药物疗法，均不能改变病情。对发病仔猪要加强饲养管理，保持猪舍的卫生、温暖和干燥，防止各种刺激。使发病仔猪靠近母猪以便能吃上奶，当仔猪吃不到母乳时，应进行人工辅助吃奶，或对仔猪进行人工哺乳，这可使大多数病仔猪自然恢复而减少死亡损失。为避免由公猪通过配种将本病传给母猪，应注意查清公猪的来历。不从有先天性震颤病的猪场引进种猪。

十七 猪流感

猪流行性感冒是由猪 A 型流感病毒引起的急性、高度接触性传染病，其主要特征是发病突然，传播迅速，具有高热、肌肉疼痛和

呼吸道炎等症状。

【病原特性】猪流感病毒为正粘病毒科的 A 型、B 型、C 型流感属成员。目前已发现的猪流感病毒至少有 H_1N_1、H_2N_2、H_1N_7、H_3N_2、H_3N_6、H_4N_6、H_5N_1、H_9N_8 种不同的血清亚型，广泛流行于猪群中的主要有古典型猪 H_1N_1、类禽型 H_1N_7 和类人型 H_3N_2 毒株。这些病毒既可感染猪也可感染人，主要存在于病猪的鼻涕、气管和支气管的渗出物中，肺和肺部淋巴结中。病毒对干燥和冷冻的抵抗力强，在干燥的灰尘中保持 14 天仍有活力，冻干后在 −70℃ 可存活多年，在 56℃ 经 30min 灭活，也有某些毒株需要 50min 才能灭活，肥皂、去污剂及碘蒸气、碘溶液等均能破坏其活力。

⚠ 【注意】 猪流感病毒 H_1N_1 和 H_3N_2 的抗原性与引起人流感大流行的人 H_1N_1 和 H_3N_2 关系密切，因此养殖者要注意自我防护。

【流行特点】本病流行具有季节性，多发于气候骤变的晚秋和早冬，炎热季节很少发生，不同品种、年龄的猪均可感染，常呈地方性流行。传播方式主要是病猪和带毒猪（痊愈后带毒 6 周）的飞沫，经呼吸道传染。

【临床症状】潜伏期为 5~7 天。病来得突然，常见猪群同时发病，体温升高，有时高达 42℃，精神萎靡，结膜发红，不愿起立行走，经常伏卧在垫草上，食欲减退或废绝，呼吸急促，急剧咳嗽，并间有喷嚏，先流清鼻水，后流黏性鼻涕，粪便干硬，尿呈茶红色，病程 5~7 天，妊娠母猪发病常易引起流产。一般病例，若无并发症，经一周左右，可以恢复健康，个别猪转为慢性，出现持续咳嗽、消化不良等，本病一般能拖延一个月以上。如果并发肺炎则易死亡。

【病理变化】呼吸道病变最为显著，鼻腔潮红。咽喉、气管和支气管黏膜充血，并附有大量泡沫，有时混有血液。喉头及气管内有泡沫性黏液，肺部呈紫色病变，严重的呈鲜牛肉状，病区膨胀不全，其周围肺组织呈气肿和苍白色，胃肠内浆液增多，并有充血。

【防治措施】

1）在阴雨潮湿和气候变化急剧时，应加强猪群的饲养管理，要勤换垫草，保证舍内通风，保持舍内干燥。

2）发现疫情后应立即隔离病猪，供给富含维生素的饲料。用10%～20%石灰乳和30%漂白粉溶液消毒猪舍和用具等，制止本病蔓延。由于流感病毒抗原经常发生变异，故目前还没有疫苗。

3）治疗本病无特效药，一般采用抗生素与磺胺类药控制其继发症。

⚠️ **【注意】** 猪流感多由呼吸道感染，秋、冬寒冷季节多发，单纯感染一般呈良性经过，有继发感染会造成较大损失，注意治疗初期要防止继发感染。

十八 猪断奶后全身消耗综合征

断奶仔猪全身消耗综合征于 1991 年首先发现于加拿大，到 1994 年广泛流行于该国。此病于 1996 年报告于美国和法国，1997 报告于西班牙。自那时以来，此病已在许多其他国家和地区得到了诊断，如意大利、德国、丹麦、荷兰、北爱尔兰和墨西哥。目前世界上普遍公认该病的病原以圆环病毒为主，我国于 2000 年检疫出血清阳性猪，并随后分离到猪圆环病毒。

【流行特点】此综合征可见于 5～16 周龄的猪，但最常见于 6～8 周龄，一般有 4%～10% 的猪发病，这些猪往往分布于正常健康猪中。患病个体的早期死亡率可达 80%，总体断奶后死亡率通常为 7%，但在有些猪群可达 18%。

【临床症状】猪进行性消瘦，被毛粗乱，还常常伴以呼吸道症状，皮肤灰白色，有时可见黄疸。在许多病例中还可见淋巴结肿大，肿胀的淋巴结有时可被触摸到。其他症状则各不相同，多见为腹泻、肾衰竭和胃溃疡。

此病的一个特点是发展缓慢。有些猪群发病很慢，常可与其他疾病相混淆。猪群的一次发病可持续 12～18 个月。

【病理变化】此病的眼观变化具有特点：胴体消瘦和黄疸，脾脏和全身淋巴结异常肿大，肾脏有时肿胀并可见白色小点，肺脏如橡皮状并且色泽斑斓。组织学病变有特征性。

【防治措施】抗生素治疗和良好的管理，有助于解决并发感染的

第四章 猪病毒性传染病的诊治

问题，但对本病无治疗作用。

目前无疫苗供使用，所以要控制此病只能依靠加强一般性的管理措施，如降低猪群的饲养密度；实施严格的全进全出制度，至少在同一舍内实施全进全出制度；在每一批猪饲养期间以及在各批猪之间都要实施严格的生物安全措施。在这些措施中应使用有效的消毒剂；不要将不同来源的猪混群，也不要将不同日龄的猪饲养在同一空间中，减少应激因素（温度变化、贼风和有害气体），创造良好的饲养环境；采用适当的手段（免疫接种、抗生素治疗和加强管理）来控制并发感染，降低发病猪的死亡率；要尽可能保证猪群具有稳定的免疫状态。

十九 非洲猪瘟

非洲猪瘟是由非洲猪瘟病毒所引起的一种急性致死性传染病，其临诊特征为症状类似猪瘟，但更为急剧，病程短，死亡率高，全身各器官组织有严重出血性变化。

本病因诊断比较困难，难以消灭，一直流行于非洲，近年来我国也有发生。

【流行特点】 本病仅发生于猪，被病毒污染的饲料、饮水、用具及场舍均是传染源，虱、蜱也可能是传染媒介，飞机场和海港码头附近农民利用飞机、轮船上丢弃的废弃物喂猪也能引起发病。发病没有明显的季节性。初次暴发时病重死亡高，以后逐渐下降，康复猪携带病毒时间很长。

【临床症状】 潜伏期为 5～15 天。

(1) 最急性型 常不显症状即突然死亡。有时体温达 41～42℃，呼吸急促，皮肤充血、出血，病死率 100%。

(2) 急性型 在高热初期仍采食，后厌食，精神委顿，站立困难，行动无力，呼吸急促，时有咳嗽，皮肤充血并发绀，耳、肢端、腹部有广泛不规则瘀血斑、血肿和坏死斑。后期常发生出血性肠炎，可出现腹泻和血便。死亡常在出现高热的 7 天内发生，死前 24 小时内体温常显著下降并昏迷不醒。

(3) 亚急性型 症状与急性型相似。病初体温升高，持续几天或不规则波动，妊娠猪有流产现象。出现症状 6～10 天内死亡。病死率 60%～90%。

（4）慢性型 症状极不一致。一般出现精神委顿，体温 39.5～40.5℃，呈不规则波浪热，还可见肺炎、呼吸困难等。皮肤可见坏死、溃疡、斑块或小结节。耳、关节、尾、鼻、唇等处可见坏死性溃疡脱落。腿关节软性肿胀无痛，也见于颌部。病程可持续 1 个月至数月。或除生长缓慢外，无任何症状。大部分病猪能康复，终生带毒。

（5）隐性型 此型非洲野猪中常见，家猪可能感染低毒所致，或由亚急性型或慢性型转来，外观体征健康，实际带毒，有引起本病的潜在危险。

【病理变化】最急性型以内脏严重出血为特征，未见症状即死，肉眼病变很少。急性型，脾脏肿大几倍，色深，有时为黑色，极软易碎。胃、肝脏、肠系膜淋巴结出血十分严重，有时像血块。肾脏、膀胱、肺、心、胆囊、胃肠道常见针尖大小出血点和弥漫性出血。还常见心包积液、胸水、腹水和肺水肿。亚急性型的病变与急性型相似但较轻，特征是淋巴结与肾脏大片出血，肺充血水肿，大肠常见黏膜出血和血样内容物。慢性型的淋巴网状内皮组织增生是显著的特征之一，还常见纤维性蛋白心包炎和胸膜炎，肺部有干酪样坏死和钙化灶。慢性型死猪半数以上有肺炎病变。

【鉴别诊断】

（1）非洲猪瘟与猪瘟的鉴别 二者均有体温高（40.5～42℃），后躯无力，皮肤发绀，有时呕吐、精神沉郁，死前体温降至常温下，腹泻等临床症状；并均有淋巴结出血、肠有溃疡、脾脏有梗死等病理变化。但二者的区别在于：猪瘟的病原为猪瘟病毒。患猪体温升高时即出现症状，厌食、废食，好卧，敲食盆唤之即来，拱拱不食即离开回原处卧下，公猪尿鞘有积尿或异臭分泌物。不咳嗽，鼻无分泌物，肌肉震颤，耳发绀但不肿胀。剖检可见淋巴结肿胀，呈紫红或浅红色，切面相间如大理石状（不似血瘤），肾脏表面和膀胱黏膜有出血点（不出现瘀斑）。胃肠浆膜黏膜下无水肿，回盲溃疡呈纽扣状（不是小而深）。用家兔实验可确定猪瘟。

（2）非洲猪瘟与猪肺疫（胸膜肺炎型）**的鉴别** 二者均有体温高（40.5～42℃），有时腹泻，呼吸困难、咳嗽、流鼻液，皮肤变色等临床症状；并均有肺有炎症和浆液浸润，全身淋巴结出血，胸腔、心包有积液等病理变化。但二者的区别在于：猪肺疫的病原为多杀性巴氏杆菌，多种动物易感。患猪体温升高即表现症状，听诊肺有啰音、摩擦音、叩诊胸部疼痛和咳嗽，犬坐、犬卧。剖检全身黏膜、浆膜、皮下组织有大量出血点，肺有纤维性肺炎，有肝变区，切面呈大理石纹，胸膜有纤维性沉着物。血液检查可见两极浓染的杆菌。

(3) 非洲猪瘟与猪弓形虫病的鉴别 二者均有体温高（40.5～42℃），有时腹泻，呼吸快，流鼻液，皮肤有瘀血斑等临床症状。但二者的区别在于：猪弓形虫病的病原为弓形虫，多种动物易感。患猪体温较高，不会在4天后自动下降，病时废食，3月龄仔猪多发，瘀血斑多发生于耳根和腹下，鼻端不发生。实验室检验可见弓形虫。

> **➡ 【提示】** 非洲猪瘟，患猪突发高热仍能吃食，后厌食，精神委顿、站立困难，行走无力，呼吸迫促，时有咳嗽，皮肤发绀，耳、肢端、腹下有不规则瘀血斑、血肿、坏死斑，后期腹泻血便。慢性皮肤坏死、溃烂而脱落。剖检可见急性脾肿大几倍，色深、有时黑色，软而易碎。胃、肝脏、肠系膜淋巴结出血十分严重，有时像血块，各脏器均有出血点，心包积液，有胸水、腹水、肺水肿。亚急性型的淋巴结、肾脏、脾脏肿大、出血。肺充血、水肿，大肠出血，内容血样。

慢性的淋巴内皮组织增生，纤维素性心包炎和胸膜炎，肺有干酪样坏死和钙化灶。由病猪采集血液（加抗凝剂）、脾、淋巴结制成1∶10悬液，加抗生素处理后，接种猪瘟免疫猪和易感猪10毫升，如两组猪5天后均发病，即为非洲猪瘟，仅易感猪发病则是猪瘟。还可用红细胞吸附试验、间接免疫荧光试验、直接免疫荧光试验、酶联免疫吸附试验。也可用非洲猪瘟病毒—脱氧核糖核酸检测，此法特别对那些不适用其他诊断试验的样品（如存在于腐败组织中已灭活的或已降解的非洲猪瘟病毒）中DNA鉴定有应用价值，是一种既快速又准确的方法。

【防治措施】 不从有病区引进猪只和其产品，从国外引进猪应加强检验。发现病猪应隔离、封锁，确诊后全群扑杀销毁，彻底消灭传染源，猪圈及活动场所、用具在彻底消毒后改作他用，以杜绝传染。

第五章
猪细菌性传染病的诊治

一 猪丹毒

猪丹毒是由猪丹毒杆菌引起的一种急性、热性传染病，其主要特征是：急性型呈败血症经过，亚急性型在皮肤上出现特异性疹块，慢性型则多表现为非化脓性关节炎或疣状的心内膜炎。

【流行特点】猪丹毒杆菌广泛流行于世界各地，对养猪业危害很大，一般多为散发和地方性流行，常发生在夏、秋炎热季节，冬、春寒冷季节很少发生。因夏、秋季雨水多，湿热适合细菌繁殖，加之蚊蝇等昆虫多，极易传播，一旦有了疫情，很容易扩散，发生流行。

【临床症状】潜伏期为1～8天。临床上可分为急性型（败血型）、亚急性型（疹块型）和慢性型3种。

(1) 急性型（败血型）　此型最为常见，以发病突然且死亡率高为特征。初期以一头或数头无明显症状而突然死亡，其他猪只相继发病。病猪体温升高达42～43℃，食欲废绝，呼吸急促，嗜睡，运动失调。先便秘并有脓性黏液附着，后拉稀并带血。结膜充血，有浆液性分泌物。不死或病的后期耳、颈、背、胸、腹部、四脚内侧等处可出现大小不等的红斑，用手指按压，红色暂时可消退，后红斑变为暗红色。死前体温降至正常以下，不死的转为亚急性型或慢性型。

(2) 亚急性型（疹块型）　此型症状较轻，主要以出现疹块为特征，患猪体温在41℃以上，精神不振，食欲减退，多于背、胸、腹部及四肢皮肤上出现扁平凸起的紫红色疹块（打火印），呈方形或菱形（图5-1、彩图16），白猪易观察，黑色或棕色猪种不易观察，但若用力贴平皮肤触摸，可感觉有疹块凸起，有的不明显，急宰刮毛后才能发现上述症状，疹块发生后，体温逐渐下降至正常，脱痂好转，病势减轻，数日后痊愈。病程一般在10天左右，死亡率不高。个别转为败血型或继发感染的可引起死亡，妊娠母猪有的发生流产。

图5-1 猪丹毒（疹块型）：
皮肤疹块

（3）慢性型 多由急性型或亚急性型转变而来。主要患有心内膜炎和四肢关节炎，或两者并发。发生心内膜炎时，呼吸困难、消瘦、贫血、喜卧、举步缓慢、行走无力；此类型病猪很难治愈，最终多因麻痹而死亡。发生关节炎时表现为四肢关节炎性肿胀，僵硬疼痛；一肢或两肢跛行卧地不起，食欲较差，生长缓慢，消瘦。

【病理变化】急性型表现为皮肤上有大小不一、形状不同的红斑，呈弥漫性红色；脾肿大，呈樱桃红色，肾瘀血肿大，呈暗红色，皮质部有出血点，肺瘀血、水肿，胃、十二指肠发炎，有出血点，关节液增多。亚急性型特征为皮肤上有方形或菱形红色疹块；内脏的变化比急性型轻。慢性型特征首先是心脏房室瓣常有疣状心内膜炎（彩图 17），瓣膜上有灰白色增生物，呈菜花状；其次是关节肿大，有炎症，在关节腔内有纤维素性渗出物。

> **【提示】** 体温升高，皮肤上有红斑、疹块，剖检脾、肾肿大呈红色，疣状心内膜炎、关节炎是本病现场诊断要点。

【鉴别诊断】

(1) 猪丹毒与猪瘟的鉴别 二者均有精神沉郁、体温升高、食欲不振、行走不稳、皮肤表面有出血斑点等临床症状，并均有肠道、肺、肾出血等病理变化。但二者的区别在于：猪瘟的病原为猪瘟病毒，急性病例的死亡常常在出现症状几天后，而败血型猪丹毒病猪死亡常在初期症状出现后数小时至两三天；猪瘟发展到发病高峰期比较慢，而猪丹毒比较快；猪瘟常有腹泻，而猪丹毒则不常见；猪丹毒脾轻度肿大、紧张、蓝红色，而猪瘟一般脾不肿大而有楔形的出血性梗死；猪丹毒淋巴结充血肿胀呈紫红色，而猪瘟淋巴结出血切面呈大理石状斑纹；猪丹毒肾常瘀血肿大，俗称"大红肾"，而猪瘟不见肿大而呈密集小点出血。

(2) 猪丹毒与猪肺疫的鉴别 二者均有精神沉郁，体温升高，食欲不振，步态不稳，皮肤表面有出血斑点等临床症状。但二者的区别在于：猪肺疫的病原为多杀性巴氏杆菌；咽喉型病猪咽喉部肿胀，呼吸困难，呈犬坐姿势，流涎；胸膜肺炎型病猪咳嗽，流鼻液，呈犬坐姿势，呼吸困难，叩诊肋部有痛感，并引起咳嗽；剖检皮下有大量胶冻样浅黄色或灰青色纤维素性浆液，肺有纤维素炎，切面呈大理石样；胸膜与肺粘连，气管、支气管发炎且有黏液；用淋巴结、血液涂片，镜检可见有革兰氏阴性、卵圆形呈两极浓染的短杆菌。

(3) 猪丹毒与猪败血型链球菌病的鉴别 二者均有精神沉郁，体温升高，食欲不振，步态不稳，呼吸困难，皮肤表面有出血斑点等临床症状，并均有肝、肺、肾出血等病理变化。但二者的区别在于：猪败血型链球菌病的病原为链球菌；病猪从口、鼻流出浅红色泡沫样黏液，腹下有紫红斑，后期少数耳尖，四肢下端腹下皮肤出现紫红色或出血性红斑；剖检可见脾肿大 1～3 倍，呈暗红色或紫蓝色，偶见脾边缘有黑红色出血性梗死灶；采心血、脾、肝病料或淋巴结脓汁涂片，可见到革兰氏阳性，多数散在或成双排列的短链圆形或椭圆形无芽孢球菌，可与猪丹毒杆菌区分。

(4) 猪丹毒与猪流感的鉴别 二者均有精神沉郁，体温升高，食欲不振，呼吸困难，步态不稳等临床症状。但二者的区别在于：猪流感的病原为猪流感病毒；病猪呼吸急促，常有阵发性咳嗽，眼流分泌物，眼结膜肿胀，鼻液中常有血，皮肤不变色；抗生素治疗无效。

(5) 猪丹毒与猪弓形虫病的鉴别 二者均有精神沉郁，体温升高，食欲不振，步态不稳，皮肤表面有出血斑点等临床症状。但二者的区别在于：猪弓形虫病的病原为弓形虫；病猪粪便呈煤焦油样，呼吸浅快，耳郭、耳根、下肢、下腹、股内侧有紫红斑；剖检可见肺呈橙黄色或浅红色，间质增宽、水肿，支气管有泡沫；肾呈黄褐色，有针尖大小坏死灶，坏死灶周围有红色炎症带；胃有出血斑、片状或带状溃疡；肠壁肥厚、糜烂和溃疡；病料（肺、淋巴结、脑、肌肉）涂片或病料悬液注入小白鼠腹腔，发病后取病料涂片，可见到半月形的弓形虫。

【防治措施】

1）加强猪群的饲养管理，做好卫生防疫工作，提高猪群的自然抵抗力。

2）保持环境和使用器具的清洁及定期用消毒剂消毒；食堂下脚料及泔水必须煮沸后才能喂猪；粪便垫料堆积发酵处理后方可使用。

3）按时接种猪丹毒菌苗。

4）治疗。青霉素为本病的特效药。治疗时不宜过早停药（应在体温和食欲恢复正常后24h），以防止疾病复发或转为慢性。四环素、土霉素、林肯霉素（洁霉素、盐酸林可霉素）也是治疗本病的有效药物。

① 青霉素：每千克体重1万~1.5万单位，肌内注射，每天2次。

② 四环素、土霉素：每天每千克体重7~15mg，肌内注射。

③ 洁霉素：每次每千克体重11mg，每天1次。

➡ 【提示】 治疗时，抗猪丹毒血清和青霉素同时应用，效果最好。

二 猪肺疫

猪肺疫又称猪巴氏杆菌病，是由多杀性巴氏杆菌引起的急性、热性传染病，以急性败血及组织器官出血性炎症为主要特征。

【流行特点】本病一年四季均可发生，但以秋末春初气候骤变时发病较多，在南方多发生在潮湿闷热的多雨季节，中、小猪多发，成年猪患病症状较轻。特别是圈舍寒冷潮湿、卫生条件差、饲喂不当、猪只比较消瘦等均可发生本病。病猪的排泄物、分泌物不断排出有毒力的细菌，污染饲料、饮水、用具和外界环境，通过消化道传染给健康猪，或通过飞沫经呼吸道感染。根据猪体的抵抗力和细菌的毒力，本病的流行类型可分为地方流行和散发两种，一般后者更为多见。

【临床症状】本病潜伏期为 1～5 天，临床上根据病程长短可分为最急性、急性和慢性 3 个类型。

(1) 最急性型 临床表现突然发病，迅速死亡。病程稍长、症状明显者可表现体温升高（41～42℃），颈部高热红肿，食欲废绝，卧地不起，呼吸极度困难，口鼻流出泡沫，可视黏膜发绀，病程 1～2 天，死亡率几乎为 100%。

(2) 急性型 急性型为本病主要的和常见的类型。患猪体温升高（40～41℃），病初发生痉挛性干咳，后变为湿咳，呼吸困难，鼻流黏稠液体，常伴有脓性结膜炎，触诊胸部有剧烈疼痛。精神不振，步态不稳，拒食呆立，心跳加速，结膜发绀。病初便秘，后期出现腹泻，多因窒息而死亡。病程 5～8 天，不死者转为慢性。

(3) 慢性型 主要表现出慢性肺炎和慢性胃肠炎症状。患猪有时表现持续性咳嗽与呼吸困难，食欲不振，进行性营养不良，极度消瘦，行动不稳或做犬坐状。口、鼻、肛门黏膜发绀，有的因体质极度衰弱而死。

【病理变化】最急性型猪肺疫病理变化常不明显，急性型猪肺疫病理变化较为明显，咽喉肿胀（彩图18）、潮红、周围结缔组织有

第五章 猪细菌性传染病的诊治

炎性浸润。喉头腔、气管、支气管腔内有带泡沫的黏液，黏膜暗红色，有的表面有纤维素附着。两侧肺膨隆，呈暗红色，肺膜上有小出血点，肺小叶间质增宽，肺的质地变硬。心包液增多呈橘红色，心外膜可见点状出血。全身淋巴结呈暗红色，切面平整。胃与小肠前段有卡他性炎症。慢性猪肺疫肺的变化较为突出，肺间质水肿，两侧肺心叶、尖叶、主叶前下部可见肺膜有纤维素膜附着，小叶呈暗红色与灰红色大理石样变化。有明显心包炎变化，脾和淋巴结明显肿大。

【鉴别诊断】

（1）猪肺疫与猪瘟的鉴别　二者均有精神沉郁，体温升高，食欲不振，步态不稳，皮肤表面有出血斑点等临床症状，并均有肠道、肺、肾出血等病理变化。但二者的区别在于：猪瘟的病原为猪瘟病毒；病猪口渴，废食，嗜液，皮肤和黏膜发绀和出血，多数病猪有明显的脓性结膜炎，有的病猪出现便秘，随后出现下痢，粪便恶臭；剖检可见全身淋巴结肿大，尤其是肠系膜淋巴结，外表呈暗红色，中间有出血条纹，切面呈红白相间的大理石样外观，扁桃体出血或坏死；胃和小肠呈出血性炎症；在大肠的回盲瓣段黏膜上形成特征性的纽扣状溃疡；肾呈土黄色，表面和切面有针尖大的出血点，膀胱黏膜层布满出血点。

（2）猪肺疫与猪气喘病的鉴别　二者均有精神沉郁，体温升高，食欲不振，呼吸困难等临床症状。但二者的区别在于：猪气喘病的病原为猪肺炎支原体；临床主要症状为咳嗽（反复干咳）和气喘，一般不打喷嚏，不出现疼痛反应，病程长；病变特征是融合性支气管肺炎；于尖叶、心叶、中间叶和隔叶前缘呈"肉样"或"虾肉样"实变。

（3）猪肺疫与猪流感的鉴别　二者均有精神沉郁，体温升高，食欲不振，呼吸困难等临床症状。但二者的区别在于：猪流感的病原为猪流感病毒；病猪咽、喉、气管和支气管内有黏稠的黏液，肺有下陷的深紫色区，可与猪肺疫相区别。

（4）猪肺疫与猪繁殖与呼吸综合征的鉴别　二者均有精神沉郁，体温升高，食欲不振，呼吸困难等临床症状。但二者的区别在于：

猪繁殖与呼吸综合征的病原为猪繁殖与呼吸综合征病毒；病猪发病初期具有类似流感的症状，母猪出现流产、早产和死产；剖检可见褐色、斑驳状间质性肺炎，淋巴结肿大，呈褐色。

（5）猪肺疫与猪传染性胸膜肺炎的鉴别　二者均有精神沉郁，体温升高，食欲不振，呼吸困难，步态不稳，皮肤表面有出血斑点等临床症状。但二者的区别在于：猪传染性胸膜肺炎的病原为胸膜肺炎放线菌；病猪呼吸极度困难，常站立呈犬坐姿势，口鼻流出泡沫样分泌物；剖检可见肺弥漫性急性出血性坏死，尤其是隔叶背侧特别明显。

【防治措施】

1）加强猪群的饲养管理，提高猪群的自然抵抗力。合理配制饲料，保持猪舍内干燥、清洁和良好的通风，定期进行药物消毒。

2）定期接种猪肺疫菌苗。

3）治疗。对本病敏感的药物有青霉素、链霉素、四环素、土霉素、洁霉素等，首选药物以青霉素为最好。

① 青霉素：每千克体重 8000～10000 单位，肌内注射，每天 2 次（间隔 12h）。

② 链霉素，每千克体重 50mg（1g 相当于 100 万单位），肌内注射，每天 1～2 次。

③ 四环素、土霉素：每天每千克体重为 7～15mg，肌内注射。

④ 洁霉素，每次每千克体重 11mg，每天 1 次。

⚠ 【注意】　健康猪普遍带有多杀性巴氏杆菌，在不良条件刺激下易引起内源性感染发病，要注意在气候变化、运输、免疫等应激较大时预防本病。

三　猪链球菌病

猪链球菌病是由链球菌属中某些血清群引起的一些疾病的总称。其中，猪常发生的有出血性败血症、急性脑膜炎、急性胸膜炎、化脓性关节炎、淋巴结脓肿等病状。

【流行特点】病猪及带菌猪是本病的主要传染源，经呼吸道和伤口感染。不同年龄、性别、品种的猪都有易感性，但仔猪和体重为

50kg左右的肥育猪发病较多，发病的哺乳仔猪死亡率高。

本病一年四季均可发生，春季和夏季发生较多，其他季节常见局部流行或散发；在新疫区常呈地方性流行，在老疫区多呈散发。

【临床症状】本病潜伏期为1~3天，最短的4h，最长的可达6天以上。根据临床症状和病理变化可分为败血型、急性脑膜炎型、胸膜肺炎型、关节炎型和淋巴结脓肿型。

（1）**败血型**　流行初期常有最急性病例，多不见症状而突然死亡，多数病例常见精神沉郁，喜卧，厌食，体温升高至41℃以上，呼吸急促，流浆液性鼻汁，少数患猪在病的后期，耳尖、四肢下端、腹下呈紫红色，并有出血斑点，可发生多发性关节炎，导致跛行。病程2~4天，多数死亡。

（2）**急性脑膜炎型**　大多数病例病初表现精神沉郁，食欲废绝，体温升高，便秘，而后出现共济失调、磨牙、转圈等神经症状，后躯麻痹，前肢爬行，四肢呈游泳状，最后因衰竭或麻痹而死亡，病程1~2天。

（3）**胸膜肺炎型**　少数病例表现肺炎或胸膜肺炎型。病猪呼吸急促、咳嗽，呈犬坐姿势，最后窒息死亡。

（4）**关节炎型**　多由前三型转来，也可在发病之初即呈现关节炎症状。病猪单肢或多肢关节肿痛、跛行，行走困难或卧地不起，病程2~3周。

（5）**淋巴结脓肿型**　主要发生于刚断乳至出栏的肥育猪，以颌下淋巴结脓肿最为多见，咽部、耳下及颌部淋巴结也可受侵害，或有双侧的。受害淋巴结呈现肿胀，硬而有热痛（炎症初期），采食、咀嚼、吞咽呈困难状，但一旦肿胀变软（此时化脓成熟），上述症状就会消失，不久脓肿破溃，流出绿色或乳白色的脓汁。病程3~5周，一般不引起死亡。

【病理变化】

（1）**急性败血症型**　皮肤上有与生前同样的红斑，尸僵不全，血液凝固不良，口、鼻流出血样泡沫状的液体，淋巴结发黑，气管内充满泡沫，肺充血或有出血斑，心内膜出血（彩图19），胆囊壁肿大，有时有出血块，肾呈紫色，皮质上密密麻麻地出现出血斑点，膀胱发黑，有出血病变，胃底部出血，脾脏肿大。

（2）急性脑炎型　脑脊液显著增多，脑部血管充血，脑膜有轻度化脓性炎症，软脑膜下及脑室周围组织液化坏死，脑沟变浅。部分病例具有上述败血症的内脏病变。

（3）急性胸膜肺炎型　肺呈化脓性支气管炎，多见于尖叶、心叶和膈叶前下部。病变部坚实，灰白、灰红和暗红的肺组织相互间杂，切面有脓样病灶，挤压后从细支气管内流出脓性分泌物。肺膜粗糙、增厚，与胸壁粘连。

（4）慢性关节炎型　受害关节肿胀，严重者关节周围化脓，关节软骨坏死，关节皮下有胶样水肿，关节面粗糙，滑液混浊，呈浅黄色，有的形成干酪样黄白色块状物。

（5）慢性淋巴结炎型　常发生于下颌淋巴结，淋巴结红肿发热，切面有脓汁或坏死。少数病例出现内脏病变。

【鉴别诊断】

（1）猪链球菌病与猪丹毒的鉴别　二者均有精神沉郁，体温升高，食欲不振，呼吸困难，步态不稳，皮肤表面有出血斑点等临床症状。但二者的区别在于：猪丹毒的病原为丹毒杆菌；病猪常表现卧地不起，驱赶甚至脚踢也不动弹，全身皮肤潮红；疹块型有方形、菱形、圆形高出周边皮肤的红色或紫红色疹块；剖检可见脾呈桃红色或暗红色，被膜紧张、松软，白髓周围有红晕；淋巴结肿胀，切面灰白，周边暗红；采取脾脏、肾脏或血液涂片染色，镜检可见到革兰氏阳性（呈紫红色）纤细的小杆菌。

（2）猪链球菌病与猪李氏杆菌病的鉴别　二者均有精神沉郁，体温升高，食欲不振，呼吸困难，步态不稳，皮肤发绀等临床症状。但二者的区别在于：猪李氏杆菌病的病原为李氏杆菌；脑膜炎型李氏杆菌病主要表现头颈后仰，前肢或四肢张开呈典型的观星姿势；剖检可见脑膜、脑实质充血，发炎和水肿，脑脊液增加、混浊，脑桥、延脑、脊髓变软并有点状化脓灶，血管周围有细胞浸润；采血液或肝、脾、肾、脊髓液涂片染色镜检，可见革兰氏阳性呈"V"字形或"Y"字形排列的小杆菌。

（3）猪链球菌病与猪瘟的鉴别　二者均有精神沉郁，体温升高，食欲不振，呼吸困难，步态不稳，皮肤发绀等临床症状。但二者的区别在于：猪瘟的病原为猪瘟病毒；病猪口渴，废食，嗜液，皮肤和黏膜发绀和出血，多数病猪有明显的脓性结膜炎，有的病猪出现便秘，随后出现下痢，粪便恶臭；剖检可见全身淋巴结肿大，尤其是肠系膜淋巴结，外表呈暗红色，中间有出血条纹，切面呈红白相间的大理石样外观，扁桃体出血或坏死；胃和小肠呈出血性炎症。在大肠的回盲瓣段黏膜上形成特征性的纽扣状溃疡；肾呈土黄色，表面和切面有针尖大的出血点；膀胱黏膜层布满出血点；用抗生素和磺胺类药物治疗无效。

【防治措施】

1）彻底清除本病传染源。发现病猪，及时隔离治疗，带菌母猪尽可能淘汰，污染的环境和各种用具彻底消毒，急宰猪屠宰后发现可疑病变的猪尸体，要经高温消毒后方可食用。

2）消除本病感染因素。猪舍内不能有尖锐易引起猪伤害的物体，如食槽破损尖锐物、碎玻璃、尖石头等易引起外伤的物体，应彻底清除；注意去势、注射和新生仔猪的断脐消毒，防止通过伤口感染。

3）在疫区或疫地合理使用菌苗进行预防接种。

4）治疗。猪链球菌病多为急性型，而且对药物特别是抗生素容易产生耐药性。因此，必须早期用药，药量要足，最好通过药敏试验选用最有效的抗菌药物。若未进行药敏试验，可选用对革兰氏阳性菌敏感的药物，如青霉素、四环素、洁霉素、磺胺嘧啶。

① 青霉素：每头每次40万~80万单位，肌内注射，每天2~4次。

② 洁霉素：每千克体重5mg，肌内注射。

③ 磺胺嘧啶钠注射液：每千克体重0.07g，肌内注射。

对已出现脓肿的病猪，待脓肿成熟后，及时切开，排出脓汁，用3%双氧水（过氧化氢）或0.1%高锰酸钾液冲洗后，涂敷碘酊。

⚠ **【注意】**　本病初期选用青霉素进行治疗，如果效果不好，可能是对青霉素已经产生了耐药性，可转用其他抗菌药。

四 猪传染性胸膜肺炎

本病是由胸膜肺炎放线杆菌引起的猪的一种呼吸道传染病，以急性出血性纤维素性胸膜肺炎和慢性纤维素性坏死性胸膜肺炎为特征。近20年来，本病在世界上呈逐年增长的趋势，并已成为主要猪病之一。

【流行特点】各种年龄、不同性别和品种的猪都有易感性，但以3月龄幼猪最为易感。猪群之间的传播主要通过引入带菌猪或慢性感染猪，公猪在本病的传播中起重要作用。由于细菌主要存在于呼吸道中，往往通过空气飞沫传播，大群饲养条件下最易接触传播。不良气候条件或运输后最易流行。本病的发病率和死亡率差异很大，通常在50%以上。

【临床症状】本病潜伏期为1~7天或更久，常为最急性型和急性型。

（1）**最急性型** 病猪死前未表现出任何症状而突然死亡，有的病例可从口和鼻孔流出泡沫状的血样渗出物。

（2）**急性型** 呈败血症。猪只突然发病，精神沉郁，食欲废绝，体温升高至42℃以上，呼吸极度困难，张口呼吸，咳嗽（彩图20），常站立或呈犬坐姿势而不愿卧下。若不及时治疗，多在1~2天内因窒息而死亡。病初症状较为缓和者，若能耐过4~5天，则症状逐渐减退，多能自行康复，但病程延续时间较长。

很多猪感染后无临床症状或症状轻微，呈隐性感染或慢性经过，一旦有呼吸道并发、继发感染或在运输后会发展为急性病例。

【病理变化】病变多局限于呼吸系统。急性病例病死猪的鼻腔内有血性泡沫，多为两侧性肺炎病变，肺组织呈紫红色，切面似肝组织，肺间质内充满血色胶样液体。病程不足24h者，胸膜只见浅红色渗出液，肺充血和水肿，不见硬实的肝变。病程超过24h以上者，在肺炎区出现纤维素性渗出物附着于表面，并有黄色渗出物渗出（彩图21）。病程较长的慢性病例中，可见到硬实的实变肺炎区，表面有结缔组织化的粘连性附着物，肺炎病灶呈硬化或坏死性病灶，常与胸膜粘连。

第五章　猪细菌性传染病的诊治

【鉴别诊断】

(1) 猪传染性胸膜肺炎与猪气喘病的鉴别 二者均有精神沉郁，体温升高，食欲不振，呼吸困难等临床症状。但二者的区别在于：猪气喘病的病原为猪肺炎支原体；临床主要症状为咳嗽（反复干咳）和气喘，一般不打喷嚏，不出现疼痛反应，病程长；病变特征是融合性支气管肺炎；于尖叶、心叶、中间叶和隔叶前缘呈"肉样"或"虾肉样"实变。

(2) 猪传染性胸膜肺炎与猪流感的鉴别 二者均有精神沉郁，体温升高，食欲不振，呼吸困难等临床症状。但二者的区别在于：猪流感的病原为 A 型流感病毒；病猪咽、喉、气管和支气管内有黏稠的黏液，肺有下陷的深紫色区，可与猪传染性胸膜肺炎相区别；用抗生素和磺胺类药治疗无效。

(3) 猪传染性胸膜肺炎与猪繁殖与呼吸综合征的鉴别 二者均有精神沉郁，体温升高，食欲不振，呼吸困难等临床症状。但二者的区别在于：猪繁殖与呼吸综合征的病原为猪繁殖与呼吸综合征病毒；病猪发病初期具有类似流感的症状，母猪出现流产、早产和死产；剖检可见褐色、斑驳状间质性肺炎，淋巴结肿大，呈褐色。

【防治措施】

1）坚持自繁自养，加强检疫，严格消毒，一旦发现本病，及时隔离治疗。

2）由于不同菌株之间交互免疫性不强，国外目前虽有商品菌苗，但预防慢性坏死性胸膜肺炎的效果不佳。制备自家菌苗进行预防接种可取得理想效果。

3）治疗。抗菌药物对治疗本病有效。土霉素混于饲料中连喂 3 天，可防止出现新病例。有些国家和地区对本病流行严重的猪场通过血清学检查，清除带菌猪，结合在饲料中添加抗菌药物，能有效地防治本病。

五 猪副伤寒

猪副伤寒是由沙门氏菌引起的热性传染病，主要表现为败血症和坏死性肠炎，有时发生脑炎、脑膜炎、卡他性或干酪性肺炎。

【流行特点】本病主要发生于 4 月龄以内的断乳仔猪，成年猪和哺乳母猪很少发病。细菌可通过病猪或带菌猪的粪便、污染的水源和饲料等经消化道感染健康猪。健康猪的肠道内也常有沙门氏菌存在，当饲养管理不良、卫生条件差、气候骤变等因素使猪体抵抗力降低时诱发本病。本病一年四季均可发生，但春初、秋末气候多变季节常发，且常与猪瘟、猪气喘病并发或继发，猪群中一般呈散发或地方性流行。

【临床症状】本病的潜伏期为 3～30 天，按其病程可分为急性型、亚急性型和慢性型 3 类。

(1) 急性型 多见于断奶后不久的仔猪和地方性流行的初期。其特征是急性败血症症状，体温升高到 41～42℃，精神沉郁、伏卧、食欲废绝、呼吸困难、步行摇晃、呕吐和腹泻，有时表现腹痛症状。白皮猪可看到耳、四蹄尖、嘴端、尾尖等猪体远端呈蓝紫色（彩图 22）。当本病开始暴发时，常出现有 1～2 头死亡不呈现任何症状。2～3 天后，体温稍有下降。肛门、尾巴、后腿等部位污染混合血液的黏稠粪便，有时伴有呼吸困难。病程多为病后 2～4 天死亡，不死的转为亚急性型或慢性型，很少自愈。

(2) 亚急性型 与急性型基本相同，仅症状明显。患猪呈间歇性发热，初便秘，后下痢，食欲不振，爱喝水，猪体逐渐消瘦，一般经 7 天左右，因极度衰竭继发肺炎而死，不死的转为慢性型，自然康复者少。

(3) 慢性型 此型最为多见，开始发病不易观察，以后猪体逐渐消瘦，食欲减退，呈周期性恶性下痢，皮肤呈污红色。体温有时上升继而又降到正常体温，有的表现肺炎症状，一般数星期后死亡。也有恢复健康的，但康复猪生长缓慢，多数成为带菌的僵猪。

【病理变化】急性病例的脾脏明显肿大，以中部三分之一处更严重，边缘钝圆，触及感觉绵软，类似橡皮，呈暗蓝色；切面外翻，呈蓝红色；肿大的淋巴滤泡呈颗粒状，脾髓质部不软化。肾皮质部出血，有时心外膜下、肺膜下也有出血，肺有小叶性肺炎灶，肝被膜下有针尖大小的、先为灰红色后转为白色的小坏死灶。有时胆囊黏膜出现粟粒大的结节。胃及十二指肠黏膜高度充血和点状出血，

肠系膜淋巴结高度肿大，切面外翻，呈红色。

亚急性和慢性病变主要表现在胃肠道。胃黏膜潮红，特别在胃底部，出现坏死灶，盲肠黏膜增厚，有浅平溃疡和坏死，肠道表面附着灰黄色或暗褐色伪膜（彩图23），用刀刮去溃疡，溃疡底呈污灰色，溃疡周围平滑，中央稍下凹，有的形如糠麸，肠系膜淋巴结肿大，肝、脾、肾及肺均有干酪样坏死灶。

【鉴别诊断】

(1) 猪副伤寒与猪瘟的鉴别　二者均有高热，先便秘后腹泻，皮肤有红斑，眼有分泌物等临床症状。但二者的区别在于：猪瘟的病原为猪瘟病毒；猪瘟可以感染所有日龄的猪只，而猪副伤寒主要使2～4月龄的猪感染；猪瘟慢性病例可见到回盲瓣处有纽扣状溃疡，肾、膀胱点状出血，脾梗死；淋巴结出血，切面大理石样外观；用抗生素治疗无效。

(2) 猪副伤寒与猪肺疫的鉴别　二者均有高热，皮肤有出血点、出血斑，咳嗽、呼吸困难等临床症状。但二者的区别在于：猪肺疫的病原为多杀性巴氏杆菌。感染年龄不同，猪肺疫可以在各个年龄的猪中发生，主要以肺炎为主；而猪副伤寒主要使2～4月龄的猪感染，以顽固性腹泻为主。猪肺疫病猪剖检可见肺肝变区扩大，并呈灰黄色、灰白色坏死灶，内含干酪样物质；胸腔有纤维素沉着；用病猪的淋巴结、血液涂片，可见革兰氏阴性、两端明显浓染的卵圆形小杆菌。

(3) 猪副伤寒与猪痢疾的鉴别　二者均有精神沉郁，体温升高，食欲不振，腹泻等临床症状。但二者的区别在于：猪痢疾的病原为猪痢疾密螺旋体；不同年龄、不同品种的猪均可感染，1.5～4月龄猪最为常见，无明显的季节性，以黏液性和出血性下痢为特征，初期粪便稀软，后有半透明黏液使粪便成胶冻样；结肠、盲肠黏膜肿胀、出血，肠内容物呈酱色或巧克力色，大肠黏膜可见坏死，有黄色、灰色伪膜；显微镜检查可见猪痢疾密螺旋体，每个视野有2个以上。

【防治措施】

1）加强饲养管理，改善环境条件，消除各种不良因素对猪群的影响。

2）在常发本病的地区，按时对猪群进行仔猪副伤寒菌苗接种。

3）药物预防。在仔猪多发日龄阶段，选择敏感药物添加于饲料或饮水中，进行药物预防。

4）治疗。治疗应在隔离消毒、改善饲养管理的基础上，以足够的剂量及早进行，同时要有一个较长的疗程。因为坏死性肠炎需要很长时间才能修复，若中途停药，往往会复发而引起死亡。常用的抗生素类药物有土霉素、卡那霉素等。此外，喹诺酮类药物如恩诺沙星，磺胺类药物治疗本病也可取得满意效果。

①卡那霉素：每天每千克体重6~12mg，肌内注射；精神、食欲明显好转后，剂量减半，继续用药3~5天。

②多西环素：每次每千克体重1~1.5mg，口服，每天1次。

六 仔猪黄痢

仔猪黄痢又称早发性大肠杆菌病，是一种由大肠杆菌引起的仔猪急性、高度致死性肠道传染病，以剧烈腹泻、呈黄色稀便、迅速死亡为特征。

【流行特点】本病多发于1~3日龄仔猪，多集中在产仔旺季，其死亡率随日龄增长而降低。生后24h左右发病的仔猪，如果不及时治疗，死亡率可达100%。本病的传染源是带菌母猪尤其是引进品种的母猪。

【临床症状】本病潜伏期最短不到8h，一般为一天左右。临床表现为，刚出生的仔猪尚健康，数小时后突然下痢，粪便呈水样，黄色或灰黄色，有气泡并带腥臭味。病初肛门周围多不留便迹，易被忽视。由于不断拉稀以致肛门松弛失禁，粪水顺流而下，在尾端和后躯附着粪便。捕捉时由于挣扎，常由肛门冒出黄色粪水。重者尾部脱毛或表皮脱落，肛门周围及小母猪阴户尖端皮肤发红。患猪精神沉郁，衰弱，停止吃奶，眼窝下陷，很快脱水、昏迷而死亡。

【病理变化】病死猪消瘦、脱水，被黄色稀便污染。肠黏膜有急性、卡他性炎症，肠腔内有多量黄色液状内容物和气体，肠腔扩张，肠壁变薄，肠黏膜呈红色，病变以十二指肠最为严重，空肠和回肠次之，结肠较轻。肠系膜淋巴结充血、出血、肿胀。

【鉴别诊断】

（1）仔猪黄痢与仔猪红痢的鉴别　二者均有精神沉郁，体温升高，食欲不振，腹泻等临床症状。但二者的区别在于：仔猪红痢的病原为 C 型产气荚膜梭菌；病猪下痢粪便中带有血液，呈红褐色，并含有坏死组织碎片；剖检可见皮下胶冻样浸润，胸腔、腹腔、心包积液，呈樱桃红色，胃和十二指肠不见病变，空肠内充满血红色液体；慢性经过的猪只，肠壁增厚、弹性消失，浆膜可见黄色或灰黄色的伪膜，易剥离，黏膜下有高粱粒大和小米粒大的气泡；用心血、肺、胸水等涂片或分离细菌，染色后在光学显微镜下观察，可见两端钝圆的单个或双个革兰氏阳性杆菌，进一步生化鉴定为产气荚膜梭菌。

（2）仔猪黄痢与仔猪白痢的鉴别　二者均有精神沉郁，体温升高，食欲不振，腹泻等临床症状。但二者的区别在于：仔猪白痢主要以 10～30 日龄猪多发，以 20 日龄左右猪最常见，3 日龄以内猪和 1 月龄以上猪很少发生；粪便白色或灰白色，有特殊的腥臭味；病死率低。

（3）仔猪黄痢与猪传染性胃肠炎的鉴别　二者均有精神沉郁，体温升高，食欲不振，腹泻等临床症状。但二者的区别在于：猪传染性胃肠炎的病原为猪传染性胃肠炎病毒；各年龄段的猪只均可发生，尤其以冬春寒冷季节多发，部分猪只出现呕吐；发病迅速，几天即可导致全群发病；水样腹泻，粪便黄色、绿色或白色，有恶臭或腥臭味，病变部位在小肠，表现为肠壁菲薄透明，肠内容物稀薄如水，呈黄色，内有大量凝乳块；用抗生素和磺胺类药治疗无效。

（4）仔猪黄痢与猪伪狂犬病的鉴别　二者均有精神沉郁，体温升高，食欲不振，腹泻等临床症状。但二者的区别在于：猪伪狂犬病的病原为猪伪狂犬病病毒；病猪体温升高达 41～41.5℃，发病后有呕吐，同时表现出神经症状，遇到声音的刺激兴奋尖叫，步态不稳，肌肉痉挛，角弓反张等；同群或同场的妊娠母猪出现流产、死胎、木乃伊胎儿等症状；剖检可见鼻出血性或化脓性炎症，肺水肿，胃底部大面积出血，小肠黏膜充血。

（5）仔猪黄痢与仔猪副伤寒鉴别　二者均有精神沉郁，体温升高，食欲不振，腹泻等临床症状。但二者的区别在于：仔猪副伤寒的病原为沙门氏菌；多发生于 2～4 月龄仔猪，体温升高达 41～42℃，粪便中混有血液、伪膜；病变部位在大肠，表现为大肠壁增厚，黏膜有坏死，上面附有伪膜如麸皮样；耳根、胸前、腹下皮肤有紫红色出血斑；亚急性型眼有脓性分泌物，粪便浅黄色或灰绿色；剖检可见肝脏有糠麸样细小灰黄色坏死点；脾肿大呈暗蓝色，坚度如橡皮。

【防治措施】预防本病必须严格采取综合卫生防疫措施，加强母猪的饲养管理，搞好圈舍及用具的卫生和消毒，让仔猪及早吃到初乳，增强自身免疫力。在经常发生本病的猪场，可对预产母猪进行大肠杆菌病菌苗接种，对初生仔猪可进行预防性投药。对发病的仔猪及时治疗，可选用土霉素、链霉素、磺胺脒、恩诺沙星、诺氟沙星等药物。

1）链霉素：每头 20 万单位，内服，每天 2 次。

2）恩诺沙星：肌内注射，每千克体重 2.5mg，每天 2 次。

3）磺胺脒：每千克体重 100～150mg，内服，每天 2 次。

七　仔猪白痢

仔猪白痢又称迟发性大肠杆菌病，是一种由大肠杆菌引起的哺乳仔猪急性肠道传染病。以下痢，排出乳白色、浅黄色或灰白色黏稠的，并有特异腥臭味的糊状粪便为特征，发病率高，而死亡率不高。

【流行特点】本病主要发生于 5～25 日龄的哺乳仔猪。一年四季均可发生，但冬季、早春、炎热季节发病较多，一般在气候突然变化时，如寒流、下雪或下雨等，发病的仔猪突然增多，当气候转暖后，病猪不治逐渐而愈。特别是冬季产房寒冷，病猪数量增多，几乎遍及每窝仔猪。实践证明，母猪的饲养管理较差，猪舍环境不好，都是引起本病的重要原因。

大肠杆菌在自然界分布广泛，在猪消化道内也普遍存在，其中有些大肠杆菌只有微小致病力，有的则有明显的致病力，只有在某些诱因下（如饲料突变、乳汁缺乏等）使得肠道内乳酸杆菌比例大减，而致病性大肠杆菌占有优势，大量繁殖，产生毒素引起发病。

【临床症状】患猪拉稀，排出白色、灰色以至黄色糊状有特殊腥

第五章　猪细菌性传染病的诊治

臭味的稀便，肛门周围被稀便污染，精神不振，四肢无力。当病情严重时，背拱起，毛粗乱。食欲减退或废绝，喜欢钻进垫草里卧睡，慢慢消瘦而死亡。病程一般3~4天，长的可达1~2周，病死率的高低与饲养管理及治疗情况有直接关系，一般情况下，死亡率不高。

【病理变化】病死猪外观苍白、消瘦，肛门和尾部附着污秽的带有特殊腥臭味的粪便。小肠呈现肠炎变化，整个肠管松弛，肠管浆膜呈灰红色，肠系膜血管呈树枝状，肠淋巴结轻度肿大，呈橘红色；肠管充满灰白色稀便，黏膜潮红。

【防治措施】预防本病的主要措施是消除本病的各种诱因，增强仔猪消化道的抗菌机能，加强母猪的饲养管理，搞好圈舍的卫生和消毒，给仔猪及早补料，用土霉素等抗菌添加剂预防具有一定效果。对发病仔猪应及时治疗，可选用土霉素、恩诺沙星、磺胺脒等药物。

1) 土霉素：每千克体重50mg，内服，每天2次。

2) 恩诺沙星：肌内注射，每千克体重2.5mg，每天2次。

3) 磺胺脒：每千克体重100~150mg，内服，每天2次。

八 仔猪红痢

仔猪红痢又称仔猪出血性肠炎，是由C型产气荚膜梭菌引起的仔猪急性肠道传染病。其临床特征为患病仔猪出血性下痢，病程短，死亡率高。

【流行特点】本病常发于1~3日龄的哺乳仔猪，7日龄以上猪很少发病。本病发病季节不明显，任何产仔季节均可发病，任何品种的猪均可感染，带菌母猪和病猪是主要的传染源。病菌随粪便排出体外，污染猪舍和哺乳母猪的乳头、皮肤，初生仔猪通过吮吸母猪乳头或舔食污染地面而感染。病菌侵入空肠中，在肠壁内繁殖，产生强烈的外毒素，使受害肠壁充血、出血和坏死。

该菌在自然界分布很广，如人、畜肠道，土壤，粪便及污水中均含有，其芽孢对外界抵抗力很强。病菌一旦传入猪场，病原就会长期存在，如果不采取有效的预防措施，以后出生的仔猪将会继续发生本病。

【临床症状】本病的潜伏期很短，一般可分为急性型、亚急性型和慢性型3种。

（1）急性型　此型最为常见，仔猪出生后3h左右或当日即可发病，表现突然下痢，排出血样稀便，随之虚弱，衰竭，拒绝吮乳，数小时内死亡。也有少数病猪未见下痢，有的本次吮乳时正常，下次吮乳时死于一旁。

（2）亚急性型　病程为2天左右。病猪下痢，食欲不振，消瘦，脱水，其后躯沾满血样或稍带黄色稀便，并常混有坏死组织碎片和小气泡。一窝仔猪往往所剩无几或全部死亡，其死亡日龄常在5日龄左右。

（3）慢性型　此种类型除由急性型或亚急性型不死转为慢性型外，也有个别的于出生后就以慢性经过。病猪呈现持续性出血性腹泻，粪便呈黄灰色糊状，或稍带红色，肛门周围附有粪痂，生长停滞，于10日龄左右死亡或成为僵猪。

【病理变化】病变主要在空肠，有时还扩展到整个回肠，一般十二指肠不受损害。急性的为出血性肠炎，亚急性的或慢性的可见肠坏死，而出血性病变不太严重，坏死的肠段呈浅黄色或土黄色，其浆膜下层及充血的肠系膜淋巴结中有小气泡。心肌苍白，心外膜有出血点。肾呈灰白色，皮质部小点出血。膀胱黏膜也有小点出血。

【鉴别诊断】

（1）仔猪红痢与仔猪黄痢的鉴别　二者均有精神沉郁，体温升高，食欲不振，腹泻等临床症状。但二者的区别在于：仔猪黄痢的病原为致病性大肠杆菌。仔猪黄痢表现为腹泻的粪便呈黄色，而仔猪红痢腹泻便一般为红褐色；仔猪黄痢表现为生后12h突然有1～2头发病，以后相继发生腹泻。病变部位主要在十二指肠、空肠，肠壁变薄，严重的呈透明状。胃黏膜可见红色出血斑。仔猪红痢一般在胃和十二指肠不见病变，空肠可见出血，呈暗红色；仔猪黄痢肠内容物多为黄色，而仔猪红痢多为红褐色。细菌分离鉴定，仔猪黄痢可从粪便和肠内容物中分离到致病性大肠杆菌。

（2）仔猪红痢与仔猪白痢的鉴别　二者均有精神沉郁，体温升高，食欲不振，腹泻等临床症状。但二者的区别在于：仔猪白痢的病原为致病性大肠杆菌，主要以10～30日龄猪多发，以20日龄左右猪最常见；病猪粪便的颜色为乳白色，有特异腥臭味；剖检病变主

第五章　猪细菌性传染病的诊治

要在胃和小肠的前部，肠壁菲薄透明，不见出血表现；细菌分离鉴定可见致病性大肠杆菌。

（3）仔猪红痢与猪传染性胃肠炎的鉴别　二者均有精神沉郁，体温升高，食欲不振，腹泻等临床症状。但二者的区别在于：猪传染性胃肠炎的病原为猪传染性胃肠炎病毒，主要多发于冬、春寒冷季节，从初生的仔猪到成年猪均可发病。仔猪红痢主要是 7 日龄以内的仔猪，尤其以 1~3 日龄猪的发病最为严重。传染性胃肠炎有部分猪只出现呕吐，而仔猪红痢不见呕吐。传染性胃肠炎腹泻粪便呈水样，粪便黄色、绿色或白色，不见血样便，偶见胃黏膜出血点，或胃底潮红，胃黏膜溃疡，十二指肠、空肠小肠段肠壁变薄透明。抗生素、磺胺类药物治疗无效。实验室诊断可以通过直接免疫荧光、酶联免疫吸附试验等方法确诊。

（4）仔猪红痢与猪流行性腹泻的鉴别　二者均有精神沉郁，体温升高，食欲不振，腹泻等临床症状。但二者的区别在于：猪流行性腹泻的病原为猪流行性腹泻病毒，主要多发于冬、春寒冷季节，从初生的仔猪到成年猪均可发病。仔猪红痢主要是 7 日龄以内的仔猪，尤其以 1~3 日龄猪的发病最为严重。流行性腹泻有部分猪只出现呕吐，而仔猪红痢不见呕吐。流行性腹泻粪便呈水样，粪便灰黄色、灰白色，不见血样便，偶见胃黏膜出血点，胃黏膜溃疡，十二指肠、空肠小肠段肠壁变薄透明。用抗生素、磺胺类药物治疗无效。实验室诊断可以通过直接免疫荧光、酶联免疫吸附试验等方法确诊。

（5）仔猪红痢与猪伪狂犬病的鉴别　二者均有精神沉郁，体温升高，食欲不振，腹泻等临床症状。但二者的区别在于：猪伪狂犬病的病原为猪伪狂犬病病毒；病猪体温升高达 41~41.5℃，发病后有呕吐，同时表现出神经症状，遇到声音的刺激兴奋尖叫，步态不稳，肌肉痉挛，角弓反张等；同群或同场的妊娠母猪出现流产、死胎、木乃伊胎儿等症状；剖检可见鼻出血性或化脓性炎症，肺水肿，胃底部大面积出血，小肠黏膜充血；用抗生素、磺胺类药物治疗无效。

【防治措施】

1）搞好猪舍和环境的卫生消毒工作，在接生前母猪的乳头和周围皮肤要进行清洗和消毒，以减少本病的发生和传播。

2）在本病多发地区或猪场，母猪分别于产前1个月和半个月注射仔猪红痢灭活菌苗，使新生仔猪通过吸吮母猪乳汁获得被动免疫。

3）对正在发生本病的猪场，仔猪一出生就口服青霉素、链霉素等抗菌类药物，连用2~3天。

4）由于本病病程短促，发病后用药治疗往往疗效不佳，病猪一般预后不良。

九 猪水肿病

猪水肿病是由致病性大肠杆菌引起的一种仔猪传染病，其特征为患猪全身或局部麻痹，共济失调，眼睑部水肿。

【流行特点】 本病主要发生于断乳前后的小仔猪，多发于春、秋两季，特别是气候突变和阴雨季节多发。一般呈散发，有时呈地方性流行。促使本病发生的主要诱因是，卫生条件差，仔猪断乳前后饲喂富含蛋白质的饲料，引起胃肠机能紊乱，促进了病原菌繁殖、产生毒素而导致发病。

【临床症状】 本病表现为患猪突然发病，有些病例前一天晚上未见异常，第二天早上却死在圈舍内。发病稍慢的病例，表现精神委顿，食欲减退或废绝，反应过敏，兴奋不安，盲目行走，转圈，震颤，口吐白沫，叫声嘶哑，眼睑、面部、头部、颈部及胸腹水肿（彩图24），最后倒地侧卧，四脚划动，呈游泳状（彩图25），在昏迷中和体温下降时死去。一般病程为数小时到2天，最长为1周，很少能耐过而自愈。

【病理变化】 主要病变为全身多处组织水肿，特别是胃壁黏膜显著水肿（彩图26），并多见于胃大弯部和贲门部。切开水肿部位，常有大量透明或微带黄色液体流出。胃底有弥漫性出血性变化。胆囊和喉头也常有水肿。小肠黏膜有弥漫性出血变化，肠系膜有胶冻样水肿（彩图27）。心肌松弛而软，冠状沟常见有水肿。肺水肿或气肿，有的个别小叶有出血性炎症。胸腔、腹腔及胸包腔常积有较多的浅黄色液体，见空气后即变成胶冻样凝固块。此外，脊髓、大脑皮层及脑干部也有非炎性水肿。

【鉴别诊断】

（1）猪水肿病与猪营养不良性水肿的鉴别 二者均有精神沉郁，

体表水肿等临床症状。但二者的区别在于：猪营养不良性水肿多由于饲料中蛋白质含量不足或乳汁摄入量不够所导致，没有明显的年龄界限，一般很少发生，并不见神轻症状，在发病猪病料中不能分离出致病性大肠杆菌。

(2) 猪水肿病与猪其他神经性疾病的鉴别　这些疾病的共同点是均表现出神经症状，但其他具有神经症状的疾病不见水肿变化，同时还伴有其他的临床表现，可以与之相区别。

【防治措施】预防本病主要是对断乳前后仔猪加强饲养管理，多喂营养丰富易消化的青绿饲料，增加矿物质、维生素的供给，尤其是微量元素硒和维生素 E、维生素 B_1、维生素 B_2 的给量。为抑制大肠杆菌的作用，在饲料中可添加土霉素、链霉素等，对预防本病有一定作用。本病目前没有特效药物，主要采取对症治疗。可选用链霉素、土霉素等抗菌药，人工盐、硫酸镁盐等泻剂，葡萄糖、甘露醇、安钠咖、双氢克尿噻、维生素制剂等强心、利尿、解毒药物及镇静剂。治疗时可采取综合疗法。

1）用 20% 磺胺嘧啶钠 5mL 肌内注射，每天 2 次；维生素 B_1 3mL 肌内注射，每天 1 次，也可用磺胺二甲基嘧啶、链霉素、土霉素治疗。

2）用氢化可的松 50～100mL 或维生素 B_1 200mL 或亚硒酸钠维生素 E 1～2mL 肌内注射。同时配合解毒，抗体克等综合治疗，能获得满意疗效。

3）此外，必须通过辅助和对症治疗，可投给硫酸镁 15～30g，双氢克尿噻 20～40mL，维生素 B_1 100mg，加水 1 次喂服，连用 2 次。

用 5%～10% 氯化钙 5mL，50% 葡萄糖 100mL，10% 乌洛托品 10mL，静脉注射（20kg 小猪用）；30% 甘露醇 30～50mL，或 25% 山梨醇 50～100mL 静脉注射。

> ➡ 【提示】　及时隔离腹泻仔猪，清理粪便，对排粪点进行严格消毒，是防止疫情蔓延的基本措施。由于临床大肠杆菌菌株耐药性不同，选用抗生素前最好做药敏试验，根据药敏结果选择有针对性药物。

十 猪痢疾

猪痢疾又称血痢、黑痢、黏液出血性下痢或弧菌性痢疾等，是由猪痢疾密螺旋体引起的一种肠道传染病，其特征为大肠黏膜发生卡他性出血性炎症，有的发展成为纤维素坏死性炎症，临床症状为黏液性出血性下痢。

【流行特点】在自然条件下，本病只感染猪，不分品种、年龄，一年四季均可发生，尤其是刚断乳的仔猪在秋末季节容易发生。主要通过消化道感染，健康猪吃入污染的饲料、饮水而感染。病猪是主要的传染源，也可通过猫、鼠、狗、鸟类、苍蝇等传播媒介引起间接传染。在发病的猪场中常年不断，时好时坏，流行经过缓慢，持续时间较长，不会造成暴发。

【临床症状】潜伏期长短不一，自然感染多为 7～14 天。腹泻是最常见的症状，但严重程度不同。最初 1～2 周多为急性经过，死亡较多，3～4 周后逐渐转为亚急性型或慢性型，病程长，但很少死亡。急性病例患猪精神沉郁，食欲减退，体温升高（40～40.5℃），开始水样下痢或黄色软便，之后充满血液、黏液，有腥臭味。腹泻导致脱水，渴欲增加，逐渐消瘦，最终因极度衰竭而死亡或转为慢性，病程 7～10 天。慢性病例症状较轻，病程较长，为 2～6 周，反复下痢，时轻时重，排出灰白色带黏液的稀便，并常带有暗褐色血液。病猪进行性消瘦，生长迟滞，虽多数能自然康复，但对养猪生产影响很大。

【防治措施】

1）要坚持自繁自养的原则。如果需引进种猪，应从无猪痢疾病史的猪场引种，并实行严格隔离检疫，观察 1～2 个月，确实健康方可入群。

2）加强卫生管理和防疫消毒工作。

3）国内目前尚无预防本病的有效菌苗，一旦发现病猪应及时淘汰隔离治疗，同群未发病的猪只，可立即用药物预防，同时进行环境清洁和消毒工作，并减少各种应激因素的刺激。

第五章 猪细菌性传染病的诊治

4）根除本病应考虑培养无特定病原猪，建立健康猪群，逐步清除原有猪群。

5）治疗。许多药物对治疗猪痢疾都有一定效果。常用的药物有痢菌净、洁霉素等。

① 痢菌净：治疗量，口服，每千克体重5mg，每天2次，连用5天。预防用量，每吨饲料50g，连续使用。

② 痢立清：治疗用量为每吨饲料50g，连续使用。预防用量与治疗用量相同。

③ 二甲硝基咪唑：治疗用量为250mg/L水溶液，饮用，连用5天。预防用量为每吨饲料100g。

④ 甲硝咪乙酰胺：治疗用量为60mg/L水溶液，饮用，连用3～5天。预防用量与治疗用量相同。

⑤ 洁霉素：治疗用量为每吨饲料100g，连用3周。预防用量为每吨饲料40g。

⑥ 硫酸新霉素：治疗用量为每吨饲料300g，连用3～5天。

⚠ 【注意】 该病治后易复发，必须坚持药物治疗，改善饲养管理及搞好清洁卫生相结合，方能收到好的效果。

十一 猪坏死杆菌病

猪坏死杆菌病是一种哺乳动物及禽类共患的慢性传染病，其主要特征是患病猪受损伤的皮肤和皮下组织、口腔黏膜或胃肠黏膜发生坏死。

【流行特点】本病在家畜中以猪、绵羊、牛、马最易感染，常呈散发或地方性流行。在多雨季节、低温地带常发本病，在水灾地区常呈地方性流行，如饲养管理不当，猪舍脏污潮湿、密度大、拥挤，母猪喂奶时仔猪争乳头造成创伤等情况，均可造成感染发病。仔猪生齿时期也易感染发病。本病常为其他传染病继发感染，如猪瘟、副伤寒、口蹄疫等。

【临床症状】本病潜伏期为1～3天，按发病部位不同分为4种类型。

（1）**坏死性皮炎**　发病以成年猪为主，一般无全身症状，常在皮下脂肪较多部位，如颈部、臀部、胸腹侧等处发生坏死性溃疡。病初创口较小，并附有少量脓汁，以后坏死向深处发展，并迅速扩大，形成创口小而囊腔深大的坏死灶，流出少量黄色、稀薄、臭味的液体。少数病猪坏死深达肌层，有时可看到腹膜。母猪的坏死区常在乳房附近，一般只有 1~2 处溃疡。

（2）**坏死性口炎**　多发于仔猪群。患猪食欲减退，逐渐消瘦，检查中可发现其口腔、唇、舌、齿龈等黏膜或扁桃体有明显溃疡，并附有伪膜和痂皮。刮去伪膜后，可见浅黄色干酪样渗出物和坏死组织，有恶臭。

（3）**坏死性鼻炎**　患猪鼻部软组织坏死，严重者波及鼻和脸部骨组织，影响吃食和呼吸。有时坏死可蔓延到气管和肺。

（4）**坏死性肠炎**　多发于仔猪群。刚断乳不久的仔猪，若饲喂粗糙饲料，如草粉、粗糠等，易发生本病。一般无特殊症状，只见猪体逐渐消瘦。

【病理变化】病程短与病势轻的患猪，内脏器官没有明显病变，但病程长与病势重的患猪可见肝硬化，肾包膜不易剥离，膀胱黏膜肥厚，口腔及胃黏膜有纤维素坏死性炎症，肠黏膜上更为严重。

【防治措施】

1）猪舍应建在高燥、向阳的地方，注意保持舍内干燥，粪便进行发酵后应用。

2）加强猪群的饲养管理。猪群不宜过大，群内个体重及年龄应相近，按时喂料，喂料量要适中，以免争食斗咬。哺乳仔猪应剪短犬齿，以免争乳而咬伤颊部，损伤母猪乳头。要消灭舍内蚊、蝇，避免蚊蝇刺蛰而感染坏死杆菌，隔离病猪，受病灶传染的用具、垫草、饲料等要进行消毒或烧毁。

3）要注意猪舍环境的卫生和消毒，以清除病源。

4）治疗。

① 处理坏死性皮炎，可先用 0.1% 高锰酸钾或 2% 甲酚皂液或 3% 双氧水洗净病灶，彻底清除坏死组织，直至露出创面为止。然后撒消炎粉于创面或涂擦 10% 甲醛溶液直至创面呈黄白色为止，或用

木焦油涂擦患部，或用5%碘酊涂抹。

② 处理坏死性口炎，用0.1%高锰酸钾洗涤口腔，然后选用碘甘油或5%甲紫涂擦口腔，每天2次，直至痊愈。

③ 对于坏死性肠炎，宜口服磺胺类药物。

⚠ **【注意】** 在此病的治疗中，要采用局部和全身配合治疗的方法。在局部治疗中，要对外伤伤口进行外科方法处理；在全身治疗中，可采用注射青霉素、四环素、土霉素、磺胺类药品等方法，同时配合强心、解毒等进行对症治疗。

十二 猪传染性萎缩性鼻炎

猪传染性萎缩性鼻炎是由支气管败血波氏杆菌引起的慢性传染病，其主要特征为患猪鼻炎，鼻甲骨下陷萎缩，颜面部变形及生长迟缓。

【流行特点】 任何年龄的猪均可感染，但哺乳仔猪，特别是6~8周龄的仔猪最易感，多引起鼻甲骨萎缩。随着年龄增长，发病率有所下降，病症减轻。3月龄以后的猪感染，症状不明显，一般成为带菌猪。病猪和带菌猪是本病的主要传染源，传播方式主要通过飞沫感染易感猪。不同品种猪的易感性有所差异，如长白猪易感，国内地方品种猪较少发病。本病多为散发，但也可成为地方性流行。饲养管理条件的好坏对本病的发生起重要作用，如饲养管理不良、猪舍拥挤、卫生条件差、营养缺乏等因素可促使本病的发生。

【临床症状】 最早1周龄仔猪可见鼻炎症状，一般2~3月龄最显著。病初打喷嚏，鼻孔流出血样分泌物，逐渐形成黏液性、脓性鼻汁，特别在吃食时流出较多，因鼻泪管堵塞而变黑，并常伴发结膜炎。由于鼻黏膜受到刺激，病猪表现不安，经常拱地，摇头，向墙壁、食桶、地面摩擦鼻子。重病猪呼吸困难，发生鼾声。接着鼻甲骨开始萎缩，并延及鼻中隔和筛骨等，颜面呈现畸形，膨隆短缩，鼻弯曲歪斜（图5-2）。这时呼吸更加困难，由鼻孔流出更多黏液或脓性鼻汁，鼻常出血。有时病变由鼻腔蔓延到脑或肺，从而伴发脑炎或肺炎。病猪死亡率不高，但生长停滞，成为僵猪。

图 5-2　猪萎缩性鼻炎：鼻腔向一侧弯曲

【病理变化】病变局限于鼻腔和临近组织。特征性变化为鼻甲骨萎缩，尤其是鼻甲骨的下卷曲最常见，严重时鼻甲骨消失，鼻中隔弯曲，导致鼻腔成为一个鼻道，有的鼻骨消失，只剩下小块黏膜皱褶附在鼻腔外侧壁上。鼻腔黏膜常附有脓性渗出物。

【防治措施】

1）不从疫区引进种猪，确需引进时，必须隔离观察 1 个月以上，证明无本病方可合群。

2）加强猪群的饲养管理。仔猪饲料中应配合适量的矿物质和维生素，哺乳母猪与其他猪分开饲养，断乳仔猪实行"全进全出"的饲养方式，避免新断乳仔猪与年龄较大的仔猪接触。

3）在本病流行严重的地区或猪场进行菌苗免疫接种。

4）治疗。治疗时采用全身与局部相结合的治疗方案，疗效较好。

① 全身疗法可用链霉素肌内注射，连用 3~5 天，疗效较好。另外，还可选用青霉素、土霉素、磺胺类药等。

② 对鼻甲骨萎缩的病猪，可用苯丙酸诺龙 0.05~0.1g 肌内注射，隔 14 天注射一次，重症猪隔 3~4 天注射一次，本药只能短期使用。鼻腔可用复方碘溶液、1%~2% 硼酸水、0.1% 高锰酸钾、链霉素溶液，滴鼻或冲洗鼻腔。

➡ **【提示】** 抗生素治疗可明显降低感染猪发病的严重性，早期感染发病若能及时治疗可达到治愈的效果。

十三 猪渗出性皮炎

猪渗出性皮炎是由表皮葡萄球菌引起的一种接触性传染病，多见于7~30日龄的仔猪，临床上以渗出性坏死性表皮炎为特征。

【流行特点】 表皮葡萄球菌广泛存在于自然界，动物体常与其接触。所以病猪和带菌猪是主要的传染源，外界各种环境如垫草、饲料也可成为传染源。本病通过接触感染传播，特别是通过损伤的皮肤和黏膜，甚至汗腺、毛囊等途径传播，多种畜禽均可感染，但以猪最易感，尤其以7~30日龄的仔猪多发。

【临床症状】 猪患病初期表现精神不振，结膜发炎，有眼眵，一般体温不高，面部、颈部、背部等无毛处，出现湿疹样病变，皮肤发红，出现红褐色斑块及浆液、黏液的渗出，继而表皮脱落并与渗出液形成痂皮，如鱼鳞状，发痒，痂皮脱落出现溃烂面，被毛潮湿，呈灰色，皮肤呈橙黄色，有腥臭味。随着病程延长，皮肤增厚，且发生坏死，形成褶皱而结痂，痂皮干燥龟裂，但体温一般正常。若本病不及时治疗，会造成大量死亡，存活仔猪生长发育迟缓，成为僵猪。

【防治措施】

1）本病是一种环境性疾病，所以应注意改善环境卫生，定期清扫消毒圈舍。

2）加强饲养管理，不喂有毒、有刺激性的饲料，同时要防止发生外伤，外科手术后应严格消毒。

3）接种疫苗和类毒素制剂，可预防本病的发生，如对母猪进行表皮葡萄球菌死菌苗免疫，所生仔猪具有对本病的免疫力。进行预防注射时，应按操作规程进行，坚持彻底消毒，每头猪一个注射器，防止感染。

4）治疗。猪患病初期，可使用抗生素进行治疗，使用抗生素时，应做药敏试验，以免该菌产生抗药性。

① 青霉素：一次肌内注射40万~80万单位，每天2次，连续

数天。

②硫酸卡那霉素：一次肌内注射1mL，每天2次，连续数天。

③10%磺胺嘧啶钠：一次肌内注射10mL，每天2次，连续数天。

④2.5%恩诺沙星注射液：每千克体重1mg，肌内注射，每天2次，连续数天。

⑤炎痛宁：每千克体重0.15~0.3mL，肌内或静脉注射，每天2次，连续数天。

⑥每吨饲料中加土霉素碱300g，连喂14天。

⑦双花100g、板蓝根200g研末，每次25g，每天2次，拌料喂服母猪。

⑧患部用温水洗净，擦干后涂水杨酸软膏或磺胺软膏，也可用植物油涂擦。

十四 猪布氏杆菌病

猪布氏杆菌病是由布氏杆菌引起的一种人畜共患的慢性传染病，它的致病特征是侵害生殖器官，如母畜发生流产和不孕，公畜引起睾丸发炎。

【流行特点】本病的感染范围很广，除人和猪、羊、牛最易感外，其他动物如马、犬、兔、鹿、骆驼以及啮齿动物等均可自然感染。被感染的人和动物，一部分呈临床症状，大部分为隐性或带菌。本病对猪多发于3~4月和7~8月（产仔高峰季节），不同年龄、性别有一定差异，母猪比公猪易感，小猪对本病有一定抵抗力，性成熟后易感。病猪和带菌猪是本病的主要传染源，消化道是主要传染途径，其次是生殖道和皮肤、黏膜，病猪的乳汁、精液、脓汁、胎衣、羊水、子宫和阴道分泌物及流产胎儿均含有病菌，很容易污染场地、用具、水源、饲料等。病猪的肉和内脏也含有大量的病菌，易使工作人员受到感染，应提高警惕，予以重视。

【临床症状】母猪流产是主要症状，流产前往往表现阴唇、阴道黏膜潮红肿胀，并流出黄红色黏液，乳房肿胀，乳量减少，有时无任何前驱症状。突然流产，也有时产出死胎或胎儿活力不强，流产后，呈现胎衣不下和子宫内膜炎，从阴道内流出红褐色污秽不洁的恶臭分泌物，不发情，或只发情不受孕。也有些母猪按期发情，但产出的是死猪或弱猪。公猪感染发病时表现为睾丸炎，一侧或两侧睾丸肿大，有热痛，若炎症持续较久，会发生睾丸附睾萎缩，甚至阳痿，小公猪在去势时，可见睾丸与阴囊粘连。若脊椎部受侵时，会出现步态异常，或后肢麻痹，关节肿胀而出现跛行。

【病理变化】 主要病变在生殖器官。母猪的子宫黏膜呈现化脓、卡他性炎症，并有小米粒大的灰黄结节。公猪睾丸和精索呈现化脓性的病灶或坏死。受侵害器官附近的淋巴结也有病变，如睾丸淋巴结、乳房淋巴结等呈现多汁、肿胀，有时可见脓肿和灰黄色小结节。脊椎部可见骨疽，有的是广泛性，四肢的某个关节及其周围有浆液性纤维素性炎症，在肺、脾、皮下有时出现脓肿，个别病例也会在腱鞘内发生。

【防治措施】 本病没有治疗价值，一般不采取治疗措施，主要是加强预防工作。健康猪场应严防本病侵入。必须引进种猪时，需要隔离检疫，确认为健康猪方可入场。

发现病猪应全群做血清学检查，凡是可疑的阳性猪均应隔离、淘汰。病猪的分泌物、死胎、胎衣等必须清理干净，加强消毒，在检疫期要加强消毒工作，疫区可采用布鲁氏菌猪型二号冻干苗进行预防接种。

⚠ 【注意】 布氏杆菌病为人、畜共患传染病，剖检时要注意剖检人员的防护。在进行病理剖检前，若怀疑待检的猪已感染本病，必须采取严格的卫生预防措施。

十五 猪李氏杆菌病

猪李氏杆菌病是由李氏杆菌引起的一种散发性传染病，其特征为病猪表现脑膜脑炎，有时可出现败血症和流产。

【流行特点】 本病多为散发，发病率低，但致死率高，各种年龄的猪均可感染发病，幼龄猪（2月龄以内）比成年猪易感性高，发病也较急，治愈率很低。

患病或带菌动物是本病的传染源。由患病动物的粪，尿，乳汁，精液以及眼、鼻、生殖道的分泌物都能分离出本菌，鼠是本菌的储存所，被鼠粪、尿污染的饲料、饮水是本病发生的重要传染媒介。尤其冬春季节，鼠患比较严重的猪场，本病发生率较高，往往是一窝发生一头，接连出现3~4头，多为体质较弱的仔猪。

【临床症状】潜伏期一般为2~3周，临床上以神经型多见。一般体温正常，病的后期可降至常温以下。病初运动失常，做同方向的圆圈运动，或前冲后撞，或以头抵地而不动，有的头颈部后仰，前肢或四肢张开。肌肉震颤，强硬，特别在颈部和颊部更为明显。出现阵发性痉挛，口吐白沫，横卧在地，四肢乱爬，也有的病例病初就发生两前肢或四肢麻痹，不能站立，病程可达一个月以上。妊娠母猪，无明显症状而发生流产。幼龄猪常发生败血症，可见体温高，拒食，口渴，有的出现咳嗽、腹泻、皮疹及呼吸困难，病程1~3天即死。

【病理变化】病理剖检不见明显的特殊病变。伴有明显神经症状而死亡的患猪，脑膜和脑可见充血和水肿变化，脑脊液增加稍混浊。脑干变软，有细小脓灶，病理组织学观察可见脑脊髓血管充血，周围主要由单核细胞构成管套，血管周围腔隙扩大。有时可见肝脏内有小坏死灶。伴有呼吸困难而死亡的猪只，可见卡他性支气管炎变化，心外膜点状出血，心包液增加，呈黄红色。

【防治措施】目前尚无本病菌苗用于预防接种，其预防措施主要是开展灭鼠工作，驱除体内、外寄生虫，发现病猪及时隔离，对被污染的环境，进行彻底消毒，尸体要深埋。

本病在治疗上无良好效果，如果早期发现，用磺胺-5甲氧嘧啶和链霉素及时治疗，可有一定疗效。最好对同窝无症状猪只给予同样的预防治疗，可控制本病继续蔓延。

十六 猪炭疽病

炭疽病是由炭疽杆菌引起的人、畜共患的急性败血性传染病。猪对本病也可感染，但不像牛、羊那样易感。

【流行特点】本病常以散发形式出现，其传染程度与气候、雨量有密切关系。气候温暖、雨量较多时多发，特别是大雨以后或洪水泛滥，会扩大传染力。其主要传染源是病畜，新鲜尸体的血液、组织和脏器中含有多量病菌，若尸体处理不当，如解剖、乱扔或掩埋

太浅等，易引起病原体散布，变为长久的疫源地。本病主要经消化道感染，也可由呼吸道、皮肤创伤和吸血昆虫刺蜇而感染。

【临床症状】猪炭疽病常因病原体的数量、毒力及侵害部位不同而表现不同类型，大体上可分为咽型、肠型、败血型和隐性型4种。

(1) 咽型 因病菌侵入颈部淋巴结，引起淋巴结及邻近组织炎症，发生水肿。病初体温升高，咽喉及耳下腺显著肿胀，并逐渐波及颈部和胸前，影响呼吸和采食，口、鼻黏膜呈蓝紫色水肿，出现水肿后很快窒息而死。有时舌、硬腭和唇处发生痈性肿胀。

(2) 肠型 出现呕吐，拒食，便秘或腹泻，粪便夹杂血液，重症死亡，轻症自愈。

(3) 败血症 常呈急性经过，发病时体温升高至42℃以上，拒食，临死前皮肤发绀，天然孔流出紫色带泡沫的血液，病程1～2天，此型很少见。

(4) 隐性型 无临床症状，常在屠宰后才发现病变。

【病理变化】急性败血性炭疽血液凝固不良，呈黑红色，脾脏特别肿大，身体各部有出血；咽型炭疽咽部淋巴结肿大几倍，坚硬、出血、切面干燥，并有坏死灶，扁桃体肿胀，周围有严重的胶样浸润；肠型炭疽病变主要限于小肠，小肠呈弥漫性或局限性出血性肠炎，肠黏膜可见大小不等的坏死和溃疡。淋巴结最急性的仅有肿胀、充血或弥漫性出血。严重的坏死呈砖红色。慢性病例可见有形成包囊的坏死灶，呈干酪样。腹腔有浅红色腹水，脾脏质软、肿大。肝脏肿胀，有坏死灶。肾暗红色，实质有出血。

【防治措施】

1) 在发病地区，每年要接种炭疽病菌苗。猪在接种前后半个月，不能去势与进行其他外科手术。

2) 发现病猪要尽快做出诊断，病死猪不能解剖，必须深埋。要严格执行封锁、隔离政策，对病猪立即给予治疗，圈内、外及用具等必须用0.1%升汞溶液加0.5%盐酸或其他有效的消毒液进行消毒。

3) 治疗。

① 抗炭疽血清：大猪50～100mL，小猪30～80mL，静脉或皮下注射，在病的紧急期使用，必要时12h后再注射一次。

②青霉素：每千克体重 8000～10000 单位，肌内注射，每隔 12h 注射一次，连续 3 天。

③链霉素：每千克体重 0.01～0.02g，肌内注射，每天一次。

另外，用金霉素、土霉素，每千克体重 0.04g，疗效也很好。

> ⚠️ **【注意】** 炭疽病是人、畜共患的急性败血性传染病，要特别注意防疫人员的防护。疑是炭疽病时不能进行剖检，应做无害化处理。

十七 猪气喘病

猪气喘病是由肺炎支原体引起的一种慢性接触性传染病，主要以患猪咳嗽、气喘为特征。

【流行特点】 本病一年四季均可发生，以冬、春寒冷季节多见，各种年龄、性别、品种的猪均可感染，但多见于断奶前后的仔猪。气候突变，饲养管理不良，都能促使本病的发生和加重病情。本病主要通过呼吸道感染，呈散发或地方性流行，传染源是病猪和隐性病猪，在其咳嗽、气喘、打喷嚏时，健康猪吸入含病原体的飞沫而感染。本病只感染猪，不感染其他动物和人。

【临床症状】 本病潜伏期一般为 11～16 天，最短为 3～5 天，最长可达 1 个月以上。主要症状是咳嗽、气喘，尤其是早晚吃食或运动时，常发生短声连咳。随病程发展，呼吸加快，每分钟达 50～60 次，甚至 100 次以上。腹式呼吸明显，呼吸快而浅，到后期呼吸慢而深，甚至张口喘气。病初有少量浆液鼻汁，病重时，流出黏液性或脓性鼻汁。食欲和体温一般正常，仅在患病后期继发其他传染病时，出现体温升高、食欲减退等症状。患病小猪消瘦衰弱，被毛粗乱，生长发育停滞。隐性感染猪无明显症状，仅偶尔出现轻咳。

【病理变化】 主要病变在肺、肺门淋巴结和纵隔淋巴结。肺有不同程度的水肿和气肿。在心叶、尖叶、中间叶及部分膈叶下方呈小叶融合性支气管肺炎变化。肺呈浅灰色或灰红色半透明状，病变界限明显，似鲜嫩肌肉样。当病程延长，病情加重时，病变部呈浅紫色或深紫色、灰黄色，坚韧度增加。病变部切面湿润致密，常从小支气管流出浑浊、灰白色、泡沫状浆液或黏液。肺门和纵隔淋巴结

第五章 猪细菌性传染病的诊治

显著增大，切面外翻、湿润，呈黄白色。

【防治措施】

1）在未发病地区或猪场，坚持自繁自养，尽量不从外地引入猪只，若必须引入时，一定要严格隔离观察，防止猪气喘病及其他传染病传入，并定期做好消毒工作。

2）受气喘病威胁的猪群可用猪气喘病灭活苗进行免疫接种。

3）对发病的猪群，要做到早发现，早隔离，早治疗，尽早淘汰，逐步更新猪群，做好饲养管理工作。

4）药物预防。可在每吨饲料中加入 300g 的土霉素粉定期饲喂，连用 2~3 周，或在饲料内加北里霉素（白霉素）饲喂（按使用说明添加），对气喘病的预防和治疗均有相当效果。

5）治疗。一般早期用药效果比较好。

① 土霉素：每天每千克体重为 25~40mg，肌内注射。

② 卡那霉素、猪喘平：每天每千克体重为 4 万~8 万单位，肌内注射。

③ 特效米先：每千克体重 0.1~0.3mL，肌内注射，每 3 天注射一次，连用 2~3 次。

此外，喹诺酮类药物如恩诺沙星等对本病也有良好疗效。

⚠ 【注意】 控制猪气喘病不能依赖疫苗免疫，疫苗保护力有限，重点在于坚持采取综合性防治措施。

十八 猪破伤风

猪破伤风是由破伤风梭菌引起的一种人畜共患的创伤性传染病，其特征为患猪对外界刺激的反射兴奋性增高，肌肉持续性痉挛。

【流行特点】各种家畜均可感染，马、驴、骡最易感，猪、羊、牛次之。在自然感染时，通常是通过小而深的创伤侵入病原体，产生毒素而引起发病。本病多为散发，常见于猪去势、外伤及仔猪脐部感染之后。如果该菌芽孢侵入伤口，而伤口又被泥土、粪便、痂皮封盖造成缺氧条件，这样对芽孢增殖更为有利，会加速本病的发生或加重症状。

【临床症状】本病潜伏期最短 1 天，最长可达 90 天以上。病初只见患猪行动迟缓，吃食较慢，易被疏忽。随着病情的发展，可见四肢僵硬，腰部不灵活，两耳竖立，尾部不活动，瞬膜露出，牙关紧闭，流口水，肌肉发生痉挛。当强行驱赶时，痉挛加剧，并嘶叫，卧地后不能起立，出现角弓反张或偏侧反张，角弓反张出现后很快死亡。

【病理变化】患猪死后血液凝固不全，呈黑红色，没有明显的肉眼可见病变，肺有充血和水肿，有的有异物性坏疽性肺炎，浆膜有时有出血点和斑。

【防治措施】

1）在对猪实施去势术时，所用器械和术部均应消毒，手术后猪不要接触泥土，圈舍保持清洁、干燥。

2）圈舍内不应有尖锐物品，修理圈门时应注意不要使钉子与铁丝露头。

3）治疗。当患猪出现牙关紧闭、四肢强直等症状时很难治愈，只有在病初时治疗才有希望。当怀疑为本病时，应及时将患猪移至暗室，使之安静，避免光线和声音刺激，彻底清除伤口内的坏死组织和分泌物，用 3% 过氧化氢、2% 高锰酸钾冲洗消毒，然后可采取下列治疗措施。

① 破伤风抗毒素 1 万 ~2 万单位，肌内或静脉注射，以中和游离毒素。为缓解肌肉痉挛，可用氯丙嗪 25 ~50mL，肌内注射。不能采食和饮水时，应静脉注射 10% 葡萄糖，每次 10 ~50mL。为防止继发症，也可肌内注射青霉素，每千克体重 1 万单位，24h 一次；链霉素肌内注射，每天每千克体重 0.01 ~0.02g。

② 大蒜疗法：以体重为 25kg 的患猪为例，其他患猪按体重大小适当增减用蒜量。治疗时，取约 30g 的紫皮大蒜，去根去皮，捣细成泥，然后迅速加入 100℃ 的开水 10mL，待凉时用注射器抽取蒜汁 20mL，注入患猪后腿内侧皮下，每腿注射 10mL。发病 3 天内有效，一次不愈者，间隔 5h 后重做一次。

十九 猪钩端螺旋体病

猪钩端螺旋体病是由多种钩端螺旋体引起的一种人畜共患传染

病。猪感染后，常无一定症状，可能出现发热、黄疸、血红蛋白尿、皮下水肿、出血性素质、皮肤和黏膜坏死及流产等症状，大多数呈隐性感染。在长江以南地区发生较多。

【流行特点】各种家畜和野生的哺乳动物以及人等均可感染，啮齿类动物，特别是鼠类为最常见的宿主。病畜和带菌动物是传染源，特别是带菌鼠和感染猪在本病的传播上起着重要的作用。病原体从尿液排出后，污染周围的水源、土壤，经损伤的皮肤、黏膜及消化道而感染。本病一年四季都可发生，其中夏、秋季节是流行高峰，以气候温暖、潮湿多雨、鼠类繁多的地区发病较多。

【临床症状及病理变化】本病的潜伏期为2～5天，以其症状可分为3种类型。

(1) 急性黄疸型 常发生于肥育猪。病猪有时无明显病状，在食欲良好的情况下突然死亡。有时发现大便秘结，呈羊粪状，颜色深褐。食欲减退或废绝，精神沉郁，眼结膜及巩膜发黄。病理变化主要是皮下脂肪带黄色（黄脂），肝呈土黄色（黄肝），膀胱积尿，尿色红褐，类似红茶。

(2) 水肿型 常发生于中小猪。病猪头部、颈部发生水肿，初期短暂发热，黄疸，便秘，食欲减退，精神沉郁，尿如浓茶。病理变化为黄肝，淋巴结肿大、充血、出血。

(3) 流产型 在本病流行期间，妊娠母猪出现流产，死胎腐败或呈木乃伊状，尸体剖检常见黄肝、黄脂、皮下水肿，肾有小灰白色病灶。

⚠ **【注意】** 上述所分的类型不是绝对的，往往同时存在，或者先后发生，应予注意。

【防治措施】

1）预防本病首先要消灭猪圈及其周围的鼠类，杜绝传染源，有放养猪群习惯的地区应圈养，减少接触鼠类和被污染的水。

2）对病猪粪、尿污染的场地及水源，可用漂白粉或2%氢氧化钠液消毒。

3）在本病常发地区，应注射钩端螺旋体多价菌苗，间隔1周，再次肌内注射，用量为 2～5mL，免疫期约为 1 年。

4）治疗。发病猪用链霉素、庆大霉素、多西环素、土霉素等都有较好的疗效。

①链霉素：每千克体重 1.0～1.5mg，1 日 2 次，肌内注射。

②庆大霉素：每千克体重 25～30mg，1 日 2 次，肌内注射。

③多西环素：每千克体重 2～5mg，每日 1 次口服。混饲剂量为每吨饲料 100～200g。

④对可疑感染的猪，可在饲料中混入土霉素或四环素。土霉素每千克饲料 0.75～1.50g，连喂 7 天，可控制本病发生。

二十 猪衣原体病

猪衣原体病是由鹦鹉热衣原体引起的一种人、兽、鸟类共患传染病。猪发病表现为流产、结膜炎、多发性关节炎、肠炎、肺炎等症状。

【流行特点】病猪、康复猪及隐性感染猪是本病的主要传染源。这些猪可长期带菌，通过眼、鼻分泌物和粪排菌，患病公猪的精液带菌可持续 2～20 个月。定居于猪场的鼠类和野鸟可能携带病原而成为本病的自然疫源。主要的传播途径是通过直接接触，或经消化道及呼吸道感染，也可通过胎盘及交配而传播。不同品种和年龄的猪均可感染发病。猪衣原体病一般呈地方流行性发生，有常驻性和持久性，当猪场卫生条件差，饲养密度过大，潮湿，营养不全等不良应激因素导致猪抵抗力下降时，有潜伏感染的猪场可暴发本病。

【临床症状】大多数为隐性感染，少数猪感染后，经过 3～15 天的潜伏期，可出现症状。

（1）母猪 患病母猪的典型病征是流产、早产、死胎及产出无活力的弱仔。大多数母猪流产发生于正产期前几周，母猪一般无任何先兆。若为正产，则仔猪小而虚弱，部分或全部于产后几小时至 1～2 天内死亡。初产母猪的发病率可高达 40%～90%，二胎以上的经产母猪流产率降低，如果以精液带菌的公猪配种，大批经产母猪也会发生流产。

（2）公猪 多表现为睾丸炎、附睾炎、尿道炎、龟头包皮炎，交配时从尿道排出带血的分泌物，精液品质及精子活力下降，有的发生慢性肺炎。

（3）小猪 尤其是2~4月龄的小猪，可出现以下一种或几种病型：

肺炎型：呈现慢性支气管炎经过，体温升高，热型不定，精神沉郁，干咳，呼吸困难，从鼻腔流出清鼻涕，虚弱，生长发育缓慢。有的还出现短暂性的神经症状，兴奋，尖叫，突然倒地，四肢做游泳状划动，短时间后恢复如常。病死率为20%~60%。

角膜、结膜炎型：表现为畏光，流泪，结膜潮红，角膜浑浊，食欲减退，精神沉郁。在结膜刮片中，可发现包涵体。

多关节炎和多浆膜炎型：多关节炎呈良性经过。表现为多处关节肿胀，不同程度的跛行，极少引起死亡。如果并发浆膜炎（胸膜炎、腹膜炎、心包炎）时，则病情较重，表现委顿、拒食、伏地、发热以及体腔的渗出性炎症所致的各种临床综合征，病死率较高。

肠道感染型：发生较普遍。表现胃肠炎症状、腹泻、脱水及全身中毒症。如果有致病性大肠杆菌或厌气性梭菌混合感染，则小猪的病死率甚高。

【病理变化】流产母猪的病变局限于子宫，子宫内膜充血、水肿，间或有1.0~1.5cm大小的坏死灶。胎衣呈暗红色，表面覆盖一层水样物质，黏膜面有坏死灶，其周围水肿。皮下组织水肿，胸部皮下有胶冻样浸润，四肢有弥漫性出血，胸腹腔中积有暗红色纤维蛋白渗出液，肝、脾、肾被膜下有出血点，肺常有卡他性炎症。

公猪的病变多在生殖器官，睾丸变硬，腹股沟淋巴结肿大，输精管有出血性炎症。

肺炎型小猪，见肺水肿，表面有出血斑点，切面有大量渗出液，纵隔淋巴结水肿，有的呈间质性肺炎病变。如果有继发感染，则出现卡他性化脓性支气管肺炎及坏死病灶。

【防治措施】

1）为预防本病传入，引进种猪应按规定严格检疫。

2）尽量避免猪接触其他动物，尤其是已发生流产、肺炎、多发性关节炎以及衣原体阳性的动物群。

3）驱除和消灭猪场内的鼠类及野鸟。保证饲料的营养平衡，减少不良应激因素的影响。

4）发病或衣原体病阳性猪场，对流产胎儿、胎衣、排泄物、污染的垫草应深埋或焚毁，污染场地应以常用的消毒药液彻底消毒。对同群猪进行药物预防，或用衣原体灭活疫苗进行预防注射，母猪在配种后 1 ~ 2 个月，注射 2 次，间隔 10 ~ 20 天。公猪和仔猪每年以同样的间隔时间注射疫苗 2 次。

5）接触病猪及其排泄物的人员应注意自身保健，以防感染衣原体。

6）治疗。本病应用四环素、土霉素、多西环素等均有良好的治疗和预防作用，最常用的是四环素或土霉素，用量为每吨饲料拌入400g，连用 21 天。个别感染猪可肌内注射多西环素，每千克体重1 ~ 3mg，每天 1 次，连用 5 天。为了预防衣原体引起的流产，公猪在配种前 1 个月，母猪在配种前及临产前 30 天，以 10 ~ 20 天间隔2 次肌内注射土霉素油悬液，每次每千克体重用 3 ~ 4mg。

二十一 猪附红细胞体病

猪附红细胞体病是由附红细胞体引起的一种人畜共患传染病。临床上以高热、贫血、黄疸、消瘦和全身发红等为特征。

【流行特点】各种年龄、不同品种的猪都有易感性，但仔猪更易感，发病率和病死率均较成年猪高。饲养管理不良、气候恶劣，并发其他疾病等应激因素，可使隐性感染的猪发病，或扩大传播使病情加重。本病的传播可能与猪虱有关，除此之外，还可能通过未消毒的针头、手术器械和交配而感染。

【临床症状】本病潜伏期为 6 ~ 10 天，按临床表现分为急性型、亚急性型和慢性型 3 种。

急性型：常发生于仔猪，皮肤和黏膜苍白、黄疸，发热，精神沉郁，食欲不振，血尿，发病后 1 ~ 3 天内死亡，死亡率高达 90% 以上，即使康复也发育迟缓。

亚急性型：常发生于育肥猪，患猪体温高达 40 ~ 42℃，稽留热，食欲减退，甚至废绝，精神沉郁，不愿站立，黏膜苍白或黄疸，全身皮肤发红，尤其是耳部、腹部、四肢皮肤发红或发绀，压之不褪色，排尿发黄或血尿。后期贫血苍白，发病猪快者 3 ~ 4 天，慢者数

周内死亡。康复猪生长受阻,严重的导致贫血死亡。

慢性型:常发生于成年母猪与育肥猪,体温高热,食欲不振,出现贫血、黄疸、皮肤发黄,粪便干硬,偶尔带血,有时便秘和下痢交替发生。背毛无光,皮肤表层脱落,育肥生长缓慢,成年母猪常流产、不发情或屡配不孕。

【病理变化】剖检可见贫血及黄疸,皮肤黏膜苍白,血液稀薄,全身性黄疸。肝脏肿大,呈黄棕色,胆囊内充满黏稠的胆汁,脾脏肿大变软,有时可见淋巴结水肿,胸腹腔及心包腔内有多量液体。

【防治措施】

1)本病目前尚无有效疫苗,防治本病主要是采取一般性防疫措施,即搞好饲养管理和圈舍卫生,消除一切应激因素,驱除体内外寄生虫,注意医疗器械的清洁消毒。发现病猪,应立即隔离治疗。

2)治疗。临床上可选用新砷凡钠明、土霉素、四环素、苯胺亚砷酸等,对本病有较好的疗效。

① 土霉素、四环素:剂量为每千克体重 15mg,分 2 次肌内注射,连续使用,直至痊愈,也可按每千克饲料添加 600mg 土霉素或四环素进行连续饲喂。

② 新砷凡钠明:剂量为每千克体重 15～45mg,治疗时以 5% 葡萄糖溶液溶解,制成 5%～10% 注射液,缓慢静脉注射,一般在用药后 2～24h 内,病原体可从血液中消失,3 天内症状也可消除。苯胺亚砷酸,按每千克饲料 180mg 混饲,连用 1 周后,改为每千克饲料 90mg 混饲,连用 1 个月。对可疑病猪,剂量减半。必要时进行对症治疗。

二十二 猪皮肤真菌病

猪皮肤真菌病是由多种皮肤致病真菌引起的猪的皮肤病的总称,这类病的主要临床特征为皮肤发生病变。由于病原不同,临床症状和病理变化稍有差异。

【流行特点】本病病原体有多种真菌,现仅介绍常见病原体。

(1) 发癣菌属和小孢霉菌属内的霉菌 发癣菌是皮肤霉菌病的主要病原。本菌是多细胞,由菌丝和孢子两部分组成,孢子连接呈链状,沿毛干长轴有规则地排列在毛干外缘(毛外型)或毛内(毛内型）和毛内外（混合型），本菌属霉菌有小分生孢子，呈葡萄状，大分生孢子较少见，呈细棒状。本菌侵害皮肤、毛发和角质。

小孢霉菌也是皮肤霉菌病的另一种主要病原。孢子和菌丝分布于毛根和毛干的周围，孢子不侵入毛干内，其小分生孢子形成原鞘而菌丝侵入毛内，将毛囊附近的毛干充满。大分生孢子呈梭形，小分生孢子长在侧枝下端，呈卵圆形或棒状。本菌侵害皮肤和毛发，不侵害角质。

（2）曲霉菌属的霉菌 各种曲霉菌如黄曲霉、黑曲霉等，致病力强。曲霉的菌丝有隔，气生菌丝的顶端膨大呈球形顶囊，顶囊产生分生孢子，呈放射状排列。

（3）念珠菌 白色，为类酵母菌。在病变组织及普通培养基上都可产生芽生孢子和假菌丝。出芽细胞呈卵圆形，似酵母细胞状，革兰氏染色阳性。假菌丝是由细胞出芽后发育延长而成的。

病畜及带菌动物为本病的主要传染源，它们不断向外界排菌，污染环境，使其他动物感染。直接接触为主要途径，被污染的媒介、梳刷用具、厩舍、垫草等也能传播本病，阴暗、潮湿、拥挤有利于本病的传播。牛、马、鸡、狗、猫等都可感染本病，但猪有一定抵抗力。本病发生与年龄、性别无关，但幼畜和营养不良及皮毛不洁的成年家畜易感。

【临床症状】猪表现为精神沉郁，食欲减退，体温偏高等共同症状。

（1）由发癣菌属和小孢霉菌属的霉菌引起的症状和病变 主要发生在头部，皮肤充血、水肿、发炎，在皮肤上形成圆斑、脱毛、覆有鳞屑，或出现丘疹、水疱而后结痂。病猪有痒感，与食槽、墙角等摩擦，可引发炎性肿胀破溃。形成红斑，而后结痂脱落。

（2）由曲霉菌引起的症状 在耳尖、耳根、眼睛周围、口腔周围、颈部、胸、腹、股内侧、肛门、尾根等出现红斑，以后形成肿胀性结节，此时，猪表现为奇痒，由于摩擦，发生炎性肿胀，形成红色烂斑，有浆液渗出，不化脓，而后成灰褐色痂皮，一般不脱毛。在耳根、颈、胸、腹及肛门周围有弥漫性结节，溃烂互相融合形成甲壳。背部、腹侧有结节，可触摸到硬性结节。

(3) 由念珠菌引起的症状 病猪表现奇痒，不断摩擦墙壁等粗糙物，被毛松动，病灶多见于耳根、颈部两侧、肩胛的背部或额部皮肤。胸、背、腹部病灶较晚出现。有病灶的皮肤呈灰色或褐色的斑块，扩散速度很快，若不及时治疗，可逐渐扩散到全身，甚至造成死亡。

【防治措施】

1）平时加强饲养管理，搞好圈舍卫生，猪体应保持清洁，用具固定使用，以免传染。舍饲时应加强通风，同时密度不要过大。对病猪隔离治疗，全群检查。

2）治疗。

① 用5%甲醛和1%氢氧化钠混合液处理病灶。

② 0.2%高锰酸钾溶液使猪全身湿透，一般一次即可痊愈，重症可隔4天再重复用药1~2次。药液应现用现配，此法很有效。

③ 硫酸铜粉25g，凡士林75g，混合制成软膏涂于患处，每隔5天外用1次，2次即可收效。

④ 克霉唑癣药水或制霉菌素或灰黄霉素也可用于治疗猪皮肤真菌病。

二十三 猪支原体性关节炎

猪支原体性关节炎是由猪滑液支原体引起的非化脓性关节炎，多发生于仔猪和架子猪，常侵害膝关节，有时可见于肩、肘、附关节以及其他关节。

【流行特点】本病的感染和扩散的速度与群体密度及环境有关。在猪群中感染率为5%~15%，暴发时可达50%。

【临床症状】病猪一肢或四肢跛行，膝关节肿胀疼痛，突然发生跛行，关节轻度肿胀，多侵害跗关节。站立时患肢提举不敢落地负重，重症者不能站立。体温升高至41~41.5℃，接着出现睾丸炎、关节炎和跛行等症状，急性跛行持续3~10天后逐渐好转。重症时，病猪因疼痛剧烈而不能站立。病程2~3周可康复，康复数月后跛行又可复发，体重40kg以上的体关节液增多达2~20倍。

【病理变化】滑膜肿胀、水肿、充血，关节腔内有大量黄褐色或浅黄色滑液，渗出物以浆液纤维素性为特征，呈澄清稀薄或少变混浊，或浆液中含有较大块的纤维素薄片。亚急性感染时，滑膜黄色至褐色，充血、增厚，绒毛轻度肥大，关节滑膜囊呈浆液纤维素性或浆液出血性炎症，关节滑膜囊肿胀而有充血症状。慢性感染时滑膜增厚明显，可能见到血管翳形成，有时见到关节软骨溃烂。

【防治措施】

（1）预防　平时加强饲养管理，搞好圈舍卫生，保持猪体清洁。舍饲时应加强通风，同时密度不要过大。对病猪隔离治疗，全群检查。

（2）治疗　急性经过的病猪，于发病后第一天开始注射林可霉素，每天1次，连用3天。为减轻疼痛，可注射可的松，但只需注射1次，不能反复应用。

—第六章——
猪寄生虫病的诊治

一 猪姜片虫病

猪姜片虫病，是一种由布氏姜片吸虫寄生小肠所引起的人畜共患寄生虫病。

【流行特点】布氏姜片吸虫，虫体外观似姜片，背腹扁平，前端稍尖，后端钝圆，新鲜虫体呈肉红色，虫体大小常因肌肉收缩而变化很大，一般长为20~75mm，宽为8~20mm，厚为2~3mm。

布氏姜片吸虫寄生于人和猪的小肠内，以十二指肠为最多。性成熟的雌虫与雄虫交配产卵后，虫卵随粪便排出体外，经2~4周孵出毛蚴，毛蚴于水中游动，遇到中间宿主——扁卷螺后侵入其中，发育为胞蚴、母雷蚴和子雷蚴，进一步发育为尾蚴。尾蚴离开螺体，附着在水浮莲、菱角、荸荠等水生植物上，蜕去尾部，分泌黏液，形成灰白色、针状大小的囊蚴。猪生食了这样的植物而感染。囊蚴进入猪的消化道后，囊壁被消化溶解，童虫吸附在小肠黏膜上生长发育，经3个月左右发育为成虫。布氏姜片吸虫在猪体内寄生时间为9~13个月，死后随粪便排出（图6-1）。

本病主要流行于我国长江流域以南地区，常呈地方性流行，各个品种、各种年龄的猪均可感染，人可共患，有时狗、兔也可感染。已感染的人、猪是本病的主要传染源，主要通过消化道感染。

【临床症状】患猪轻度感染时症状不明显，严重感染时食欲减退，消化不良，出现胃肠炎、胃溃疡症状，异嗜癖，生长缓慢，有的表现腹痛，粪中带有黏液及血液。患病后期出现贫血，病猪精神委顿，甚至死亡。

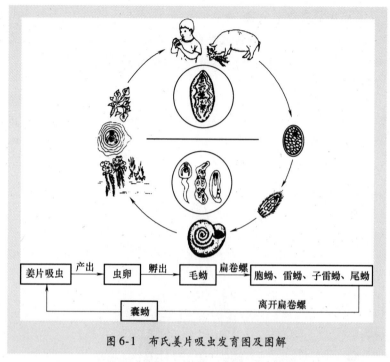

姜片吸虫 ──产出──→ 虫卵 ──孵出──→ 毛蚴 ──扁卷螺──→ 胞蚴、雷蚴、子雷蚴、尾蚴

囊蚴 ←────────── 离开扁卷螺

图6-1 布氏姜片吸虫发育图及图解

【病理变化】剖检可发现姜片吸虫吸附在十二指肠及空肠上段黏膜上，肠黏膜有炎症、水肿、点状出血及溃疡。大量寄生时可引起肠管阻塞。

【防治措施】

1）禁止粪尿流入池塘内，粪便必须经发酵后才能用作肥料。

2）水生植物经青贮发酵后喂猪，不要让猪自由采食。

3）由于扁卷螺不耐干旱，故在流行地区，在秋末冬初的干燥季节，挖塘泥晒干，来杀灭螺蛳。

4）在本病流行地区，对猪群每隔2～3个月定期消毒一次。

5）治疗。

① 兽用敌百虫：每千克体重0.1g，总重量不超过7g，口服。

② 硫氯酚：每千克体重0.06～0.1g，猪体重在100kg以下的用

0.1g，体重超过100kg的则用0.06g。

二 猪华支睾吸虫病

猪华支睾吸虫病，俗称肝吸虫病，是由华支睾吸虫寄生于人和猪的胆管与胆囊内所引起的人畜共患病。临床主要以肝脏病变为特征。

【流行特点】华支睾吸虫虫体扁平，半透明，浅红色，前端稍圆，后端钝圆，形似葵花子。大小为（10～25）mm×（3～5）mm；虫卵小，椭圆形，黄褐色，平均大小为（27～35）μm×（12～20）μm，一端有卵盖，另一端有一小凸起，形似灯泡，内含毛蚴（图6-2）。

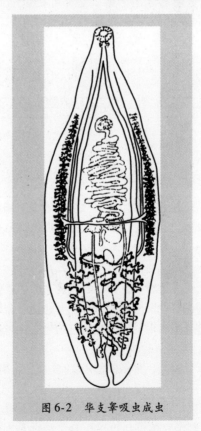

图6-2 华支睾吸虫成虫

华支睾吸虫的发育需要两个中间宿主,第一中间宿主为淡水螺类,第二中间宿主为淡水鱼虾。

华支睾吸虫成虫在人、猪、犬等动物胆管内产卵,卵随胆汁流入肠道内,随粪便排到体外。落入水中,被第一中间宿主吞食后,在其体内孵化为毛蚴,再发育为胞蚴、雷蚴、尾蚴。成熟的尾蚴离开螺体,进入水中,钻到第二中间宿主的肌肉内发育为囊蚴。当带有成熟囊蚴的鱼虾被终末宿主吞食后,幼虫即在十二指肠内破囊而出,进入肝胆管内,经1个月左右发育为成虫。人感染该病与吃生鱼有关,在广东有吃生鱼粥、生鱼片等习惯,在内地,人们在野餐时有钓鱼烧着吃的习惯,这都可使鱼体内的囊蚴未被杀死而进入人体。猪感染多是由于人用生鱼虾作饲料而引起的(图6-3)。

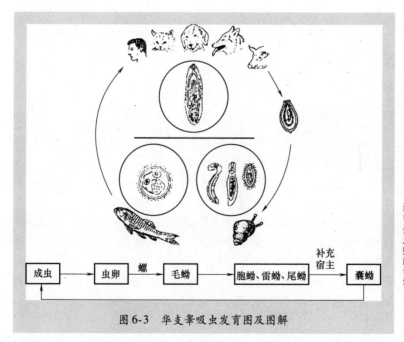

图6-3 华支睾吸虫发育图及图解

【临床症状】轻度感染,症状不明显。严重感染时,主要表现为消化不良,食欲减退,下痢,贫血,水肿,消瘦,轻度黄疸,甚至

出现腹水，肝区叩诊有疼痛感，病程多为慢性经过，往往因并发其他疾病而死亡。

【防治措施】

1）预防本病的关键是禁止饲喂生鱼虾饲料，管理好人、犬等动物的粪便，防止粪便污染水塘，禁止在鱼塘边建筑猪舍和厕所。

2）通过清理鱼塘淤泥，消灭第一中间宿主淡水螺类。另外，在本病流行地区，可对猪、犬等进行定期检查和驱虫，妥善处理其排泄物。

3）治疗。治疗本病常选用下列药物。

① 吡喹酮：是首选的药物，剂量为每千克体重 20～50mg，一次口服。

② 六氯酚：每千克体重 20mg，一次口服，每天 1 次，连用 3 天。

③ 阿苯达唑（丙硫苯咪唑）：每千克体重 30mg，一次口服，每天 1 次，连用数天。

④ 六氯对二甲苯：每千克体重 50mg，一次口服，每天 1 次，连用 10 天。

三 猪绦虫病

猪绦虫病是由克氏伪裸头绦虫寄生于猪的小肠内引起的一种寄生虫病。

【流行特点】猪绦虫虫体扁平，带状，乳白色，长为 97～167cm，由 200 多个节片组成，头节上有四个吸盘，无钩，颈长而纤细，每个成熟节片内含有一套生殖器官，睾丸 24～43 个，呈球形，不规则地分布于卵巢与卵黄腺两侧。生殖孔在体一侧中部开口，雄茎囊短，雄茎经常伸出生殖孔外，卵巢分叶，位于体节的中央部。卵黄腺为一实体，紧靠卵巢后部，孕节子宫呈线状，子宫内充满虫卵，卵呈球形，直径为 51.8～110μm，棕黄色或黄褐色，内含有六钩蚴。

本病的传播须以昆虫赤拟谷盗为传播媒介。成虫寄生在猪的空肠等部位，孕节随粪便排出体外，被赤拟谷盗吞食，在赤拟谷盗体内经一个月左右发育为似囊尾蚴，猪吞食了被赤拟谷盗污染的饲料、饮水后，在猪的消化道内赤拟谷盗被消化，似囊尾蚴逸出，附着在空肠壁一个月后发育成成虫（图6-4）。如果这种赤拟谷盗进入厨房、卧室，污染食品、餐具等，被人误食后，可引起人体感染。据报道，褐家鼠在病原的传播上起重要作用。

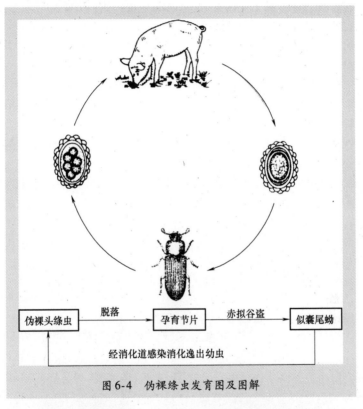

图6-4 伪裸绦虫发育图及图解

【临床症状】轻度感染，无明显的临床症状。重度感染时，多表现为食欲不振，被毛粗乱，消瘦，腹泻，发育不良，虫体较多，甚至引起肠阻塞，可有阵发性腹痛、呕吐、厌食等症状，粪便中混有黏液，寄生部位的黏膜充血，细胞浸润，黏膜细胞变性、坏死、脱落及水肿。

【防治措施】

1）注意猪舍和饲料的清洁卫生，防止中间宿主的污染。

2）应注意饮食卫生，防止感染，定期给猪驱虫。猪粪堆积发酵，进行无害化处理后做肥料。

3）治疗。治疗可选用下列药物：

① 吡喹酮：每千克体重 15mg，一次注射，疗效很好。

② 硫氯酚：每千克体重 30 ~ 125mg，混入饲料中喂服。

③ 硝硫氰醚：每千克体重 20 ~ 40mg，安全有效。

四 猪囊虫病

猪囊虫病是由有钩绦虫的幼虫寄生于猪体内所引起的寄生虫病。囊虫病人畜共患，其危害严重，直接影响人们的身体健康，也给养猪生产带来一定的经济损失。

【流行特点】有钩绦虫的幼虫（也称囊虫）一般寄生在猪的肌肉组织，以咬肌、舌肌、心肌、膈肌、肋间肌、臀肌、腰肌、大腿肌最为多见，少数在脂肪和内脏器官也能见到。外观是白色半透明的囊状小泡，囊内有一个米粒大小的白点（囊虫头），因囊虫形状像磨米下来的米身子，或呈豆形，所以人们把患囊虫病的猪称为"米身子猪"或"豆猪"。成虫寄生在人的小肠内，寄生在人体小肠内的有钩绦虫，长 2 ~ 7m，乳白色，呈扁平带状，分头节、颈节和体节，由 800 ~ 1000 个节片组成（图6-5）。

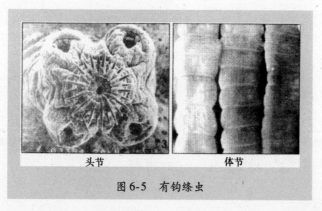

头节　　　　　　　体节

图6-5　有钩绦虫

本病多为散发。有散养猪习惯、人无厕所的地区，猪囊虫病发病率较高，主要通过消化道感染，患绦虫病病人是主要传染源。

猪是有钩绦虫（也称链状带绦虫）的中间宿主，成虫寄生在人的小肠内，虫体每一个孕卵节片内含 3 万~5 万个虫卵，孕卵节片不断脱落，随人的粪便排出体外，一个病人一个月可排出 200 多个孕卵节片。当猪吞食被孕卵节片污染的饲料或病人粪便时。虫卵进入胃肠，在猪小肠内经 24~72h 孵出幼虫钻入肠壁进入血液，通过血液循环到达全身各组织，在肌肉内经 2 个月左右发育成囊虫，当人吃了未经处理或没有煮熟的猪囊虫肉，或误食附在食品上的囊虫，经胃进入肠内，经 2~3 个月发育为成虫，又开始产卵，随粪便排出体外。这样人传给猪，猪又传给人，循环不已（图 6-6）。

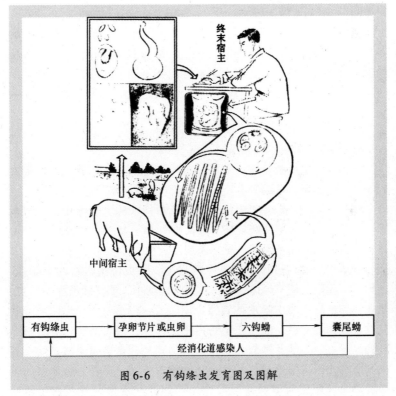

| 有钩绦虫 | → | 孕卵节片或虫卵 | → | 六钩蚴 | → | 囊尾蚴 |

经消化道感染人

图 6-6　有钩绦虫发育图及图解

　　【临床症状】患猪少量感染时，一般无明显症状，多量囊虫寄生时，猪表现消瘦，拉稀，贫血，水肿，视力减退，四肢僵硬，跛行，抽风，呼吸困难，并伴有短促咳嗽，声音嘶哑，出气打呼噜，肩膀宽，胸粗大，后身躯狭窄，呈"雄狮状"。检查眼睑和舌部，有白色半透明的囊虫结节，触之有波动感。

【病理变化】严重感染猪的猪肉呈苍白色而湿润，在咬肌、舌肌、肋间肌、臀肌等处有高粱米粒大小的半透明囊泡（俗称"米身肉"或"豆肉"），泡内有小白点，即囊虫。

【防治措施】

1）预防本病的根本措施是积极治疗绦虫病患者，消除传染源。

2）要做到人有厕所猪有圈，厕所和猪圈分开，防止猪吃到人的粪便，切断感染途径。

3）加强城乡肉品卫生检验，杜绝囊虫病猪肉上市。

4）治疗。

① 吡喹酮：每千克体重50～80mg，口服或以液状石蜡配成20%悬液，肌内注射，每天一次，连用3天。

② 阿苯达唑：每千克体重30mg，每天一次，用药3次，每次间隔24～48h，早晨空腹服药。

五 猪蛔虫病

猪蛔虫病是由蛔虫寄生于猪小肠中引起的寄生虫病。主要侵害3～6月龄的幼猪，导致猪生长发育不良或停滞，甚至造成死亡。

【流行特点】猪蛔虫是一种浅黄色圆柱状的大型线虫，形似蚯蚓，表面光滑，头尾两端较细。雄虫长为15～25cm，雌虫长为30～35cm。蛔虫卵呈短椭圆形，黄褐色或浅黄色。

猪蛔虫的发育过程不需要中间宿主。成虫寄生在猪的小肠内，产卵后，卵随粪便排出体外，在适当的环境中，卵开始发育为幼虫，幼虫在卵内经过两次蜕皮达到感染期阶段。当感染期幼虫卵随食物或饮水被猪吃入后，幼虫在小肠内钻出卵壳，侵入肠壁，随血液循环到达肝脏、心脏及肺脏，引起幼虫性肺炎，在猪咳嗽时，幼虫随痰液再一次进入胃肠道，并在小肠内停留下来，发育为性成熟的雄虫和雌虫。雌虫与雄虫交配后受精卵，一条雌虫一昼夜可产卵10万～25万个，一生可产卵3000万个（图6-7）。

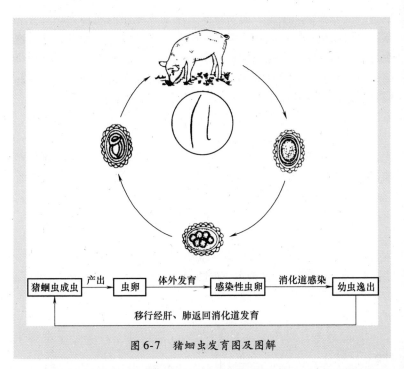

猪蛔虫成虫	产出 →	虫卵	体外发育 →	感染性虫卵	消化道感染 →	幼虫逸出

移行经肝、肺返回消化道发育

图6-7 猪蛔虫发育图及图解

    本病广泛流行于各类猪场，一年四季均可发生，各种年龄的猪均可感染，尤其是3~6月龄的幼猪易感性高，症状明显。病猪和带虫猪是本病的传染源，主要通过消化道感染。在卫生条件差，饲料不足或品质差，缺乏微量元素或维生素，体质弱或者拥挤的猪群最易发生。饮水不洁，母猪乳房污染均可增加仔猪的感染机会。

    【临床症状】幼猪症状较成年猪明显。蛔虫在小肠内大量寄生时，患猪逐渐消瘦贫血，生长发育缓慢，被毛粗乱，食欲变化无常，腹泻与便秘交替出现。如果寄生虫体过多时，活虫互相缠绕成团，阻塞肠管，造成严重腹痛，甚至引起肠破裂。

    有时虫体钻入胆管，引起胆管阻塞出现腹痛和黄疸症状。在幼虫停于肺内期间可引起肺炎，表现为体温升高，精神不振，食欲减退，咳嗽，呼吸困难，有时呕吐。

    【病理变化】幼虫移行过程中的主要病变在肺脏和肝脏。初期呈肺炎病变，肺组织致密，表面有大量出血点或暗红色斑点，可分离获得大量幼虫。肝脏表面有大小不等的白色斑纹。小肠内有大量成虫寄生，肠黏膜呈卡他性炎症、出血或溃疡，肠破裂时可见腹膜炎症和腹膜出血。蛔虫少量寄生时，肠道无明显变化，有时可在胃、胆管、胰脏内查获虫体。

【防治措施】

1）在蛔虫流行的猪场，每年春、秋两季对全群猪只各驱虫一次，特别对断奶后到6月龄的仔猪，应驱虫1~3次，妊娠母猪在产前3个月驱虫。

2）加强饲养管理，对断奶仔猪应给予富含维生素和多种微量元素的饲料，以增加抵抗力，同时大小猪只宜分群饲养。

3）猪舍及用具应定期消毒，用2%~5%热碱水（65℃以上）、生石灰、5%~10%苯酚均可杀灭虫卵。

4）保持饲料、饮水清洁，严防被猪粪污染。猪粪和垫草清除出舍后，应堆积发酵。

5）治疗。

① 左咪唑：每千克体重4~6mg，肌内注射，或每千克体重8mg，口服。

② 阿苯达唑：每千克体重10mg，拌入饲料喂服。

③ 奥苯达唑：每千克体重10mg，拌入饲料喂服。

④ 枸橼酸哌哔嗪（哌嗪）：每千克体重0.3g，拌入饲料喂服。

六 猪旋毛虫病

猪旋毛虫病，是一种由旋毛虫成虫寄生于小肠、幼虫寄生于横纹肌而引起的人、畜共患寄生虫病。

【流行特点】旋毛虫是一种纤细的小线虫，成虫为白色，前细后粗，肉眼勉强可以看见。成虫长为1.4~1.6mm，雌虫长为3~4mm。

本病存在着广大的自然疫源，多种哺乳动物可以感染，其中以肉食动物、杂食动物常见。本病流行有很强的地域性，往往在一个省多集中分布于某个地区，同一乡的各村间可有无感染到严重感染的差异，形成了疫源点内恶性循环和随疫源的流动而向外散播。

旋毛虫为多寄主寄生虫，其成虫寄生于宿主的小肠，幼虫寄生于同一宿主的肌肉。当人或动物吃了含有旋毛虫幼虫包囊的肉后，包囊被消化，幼虫逸出钻入十二指肠和空肠黏膜内，经 1.5~3 天即发育为成虫。性成熟的雄雌虫交配后。雄虫死亡，雌虫钻入肠腺或黏膜下淋巴间隙中产幼虫。大部分幼虫经肠系膜淋巴结到达胸导管，进入前腔静脉流入心脏，然后随血流散布全身，横纹肌是旋毛虫幼虫最适宜的寄生部位，其他如心肌、肌肉表面的脂肪，甚至脑、脊髓中也曾发现过虫体。刚进入肌纤维的幼虫是直的，随后迅速发育增大，经 7~8 周逐渐卷曲形成包囊，约 6 个月后包囊增厚，囊内发生钙化。钙化后幼虫的感染力下降，包囊内幼虫生存时间由数年到 25 年（图 6-8）。

图 6-8　旋毛虫发育图及图解

【临床症状】猪对旋毛虫寄生有很大耐受力，少量感染时无症状。严重感染时，通常在 3 天后体温升高，腹泻，腹痛，有时呕吐，食欲减退，后肢麻痹，长期卧睡不起，呼吸减弱，发声嘶哑，有的眼睑和四肢水肿，肌肉发痒，疼痛，有的发生强直性肌肉痉挛，死亡很多，多于 4 周后康复。

【病理变化】成虫引起肠黏膜损伤，有出血、黏液增加，幼虫引

起肌纤维纺锤状扩展，随着幼虫发育和生长，其周围逐渐形成包囊，病久后包囊钙化。

【防治措施】

1）加强猪群的饲养管理，改散养方式为圈养方式，搞好猪场的清洁卫生，防止猪吃患病动物的尸体、粪便和内脏，禁止用未经处理的泔水及肉屑喂猪。加强猪场内灭鼠工作。

2）加强屠宰场及集市肉品的兽医卫生检验，严格按《肉品卫生检验试规程》处理带虫肉（高温、加工、工业用或销毁）。

3）提倡吃熟食，改变生食肉类的习惯，对制作的一些半熟风味食品的肉类要做好检查工作。厨房用具应生、熟分开，不能混用，并注意经常清洗和消毒，养成良好的卫生习惯，防止寄生虫病的感染。

⚠️ 【注意】 包囊幼虫的抵抗力很强，在 –20℃ 时可保持生命力 57 天，高温 70℃ 才能将其杀死；盐渍和熏制品不能杀死肌肉深部的幼虫；在腐败肉中能存活 100 天以上。

4）治疗。

① 噻苯达唑：每千克体重 50 ~ 100mg，一次口服，连用 5 ~ 10 天。

② 阿苯达唑：每千克体重 100mg，一次口服，连用 5 ~ 7 天。

③ 康苯咪唑：每千克体重 20mg，一次口服，连用 5 ~ 7 天。

七 猪胃线虫病

猪胃线虫病，是一种由螺咽胃虫寄生在猪胃内引起的寄生虫病。

【流行特点】本病的病原体是螺咽胃虫，为一种线虫，虫体浅红色，雄虫长为 4 ~ 7mm，雌虫长为 5 ~ 10mm，虫卵卵壳较厚，外有一层不平整的薄膜，内含幼虫。

螺咽胃虫成虫寄生于猪的胃内。性成熟的雌虫与雄虫交配产卵后，虫卵随粪便排出体外，被食粪甲虫吞食后在其体内发育为感染期幼虫，猪在吞食这些甲虫后而遭感染。

本病流行比较广泛，全国各地均有发生，感染发病无季节性，但春、夏、秋季多发。各种年龄的猪均可感染，幼龄猪易感性高。

病猪和带虫猪是本病的传染源，主要通过消化道感染。

【临床症状】轻度感染时往往不呈现症状，严重感染时，患猪表现食欲减退，渴欲增加，生长缓慢，消瘦，贫血，呕吐，急性或慢性胃炎。

【病理变化】胃内黏液很多，寄生部位黏膜红肿或覆盖伪膜，虫体游离在胃内或部分深藏在胃黏膜内。

【防治措施】

1）对猪群定期进行驱虫，圈舍保持清洁干燥，粪便堆积发酵，消灭虫卵。

2）改养猪放牧方式为舍饲方式，防止猪吃到甲虫。

3）治疗。

① 左旋咪唑：每千克体重7~8mg，一次口服或肌内注射。

② 丙硫苯咪唑：每千克体重10~15mg，混入饲料中口服。

③ 兽用敌百虫：每千克体重0.1g，总重量不超过7g，口服。

八 猪肺丝虫病

猪肺丝虫病，又称猪后圆线虫病，是由后圆属线虫在猪肺支气管内引起的寄生虫病。

【流行特点】本病的病原体是猪后圆线虫，有3种，最常见的为长刺后圆线虫，寄生于猪的支气管和细支气管内。虫体呈乳白色细丝状，雄虫长为12~26mm，交合刺2根，丝状，长达35mm；雌虫长达20~51mm。

本病流行比较广泛，往往造成地方性流行。一年四季均可发生，但夏秋季多发。各种年龄的猪均可感染，幼龄猪易感性高，侵害严重。病猪和带虫猪是本病的传染源，主要通过消化道感染。

蚯蚓是猪肺丝虫的中间宿主。成虫寄生于猪的支气管和细支气管内，产卵后虫卵在猪咳嗽时咳出，或随痰吞下进入消化道，再随粪便排出体外。当虫卵或幼虫被蚯蚓吞食后，在蚯蚓体内经10~20天发育成感染幼虫。猪吞食这样的蚯蚓，在消化道内被消化，幼虫脱离蚯蚓钻入肠壁，经淋巴、血液循环到肺，最后在支气管发育为成虫。猪从吞食含感染性幼虫的蚯蚓到肺内发育为成虫需25~35天（图6-9）。

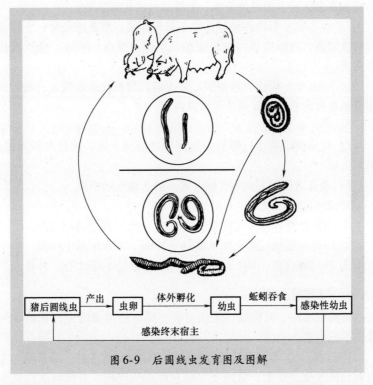

| 猪后圆线虫 | 产出 | 虫卵 | 体外孵化 | 幼虫 | 蚯蚓吞食 | 感染性幼虫 |

感染终末宿主

图 6-9 后圆线虫发育图及图解

【临床症状】患猪轻度感染时症状不明显，严重感染时，主要症状是咳嗽，尤其是早晚和剧烈运动时表现明显，病猪精神委顿，食欲不振，日渐消瘦，毛焦无光，呼吸困难。严重感染时，发出强力阵咳，一次能咳 40～60 声，咳嗽停止时随即表现吞咽动作（咽下痰、虫体和虫卵），眼结膜苍白，流鼻液，肺部有啰音。特别严重的病例，发生呕吐，腹泻，最后因极度衰竭、窒息而死亡。

【病理变化】剖检时主要病变发生在肺，病变处呈灰白色隆起，界限明显，支气管内有多量成团的虫体和黏液。

【防治措施】

1）对猪群定期进行驱虫，圈舍保持清洁干燥，粪便堆积发酵，消灭虫卵。

2）改养猪放牧方式为舍饲方式，防止猪吃到野生蚯蚓。

3）治疗。

① 左旋咪唑：每千克体重 7~8mg，一次口服或肌内注射。

② 丙硫苯咪唑：每千克体重 10~15mg，混入饲料中口服。

③ 伊维菌素：每千克体重 0.3mg，一次皮下注射。

④ 枸橼酸乙胺嗪：每千克体重 100mg，混入 10mL 水中，皮下注射，每天 1 次，连用 3 天。

⑤ 对肺炎严重的病例，应在驱虫的同时，应用青霉素、链霉素等注射，以改善肺部状况，迅速恢复健康。

> ⚠ 【注意】 预防主要是防止蚯蚓潜入猪场，尤其是运动场，同时还要做好定期消毒工作。

九 猪毛首线虫病

猪毛首线虫病，又称猪鞭虫病，是由毛首线虫寄生在猪肠道内引起的寄生虫病。

【流行特点】猪毛首线虫为一种乳白色线虫，虫体很明显地分成两部分，头部细长，尾部粗短，虫体外观很像一条鞭子，故又称猪鞭虫病。雄虫尾端呈螺旋状卷曲，体长为 39~40mm；雌虫尾直，末端呈圆形，体长为 40~50mm。

猪毛首线虫成虫寄生于猪的盲肠内。性成熟的雌虫与雄虫交配产卵后，虫卵随粪便排出体外，在适宜的条件下，经 20~30 天发育成有侵袭性的虫卵，然后通过猪吃食、饮水、掘地进入猪的消化道，在肠道内幼虫逸出，钻入盲肠黏膜深处，约经 1.5 个月发育为成虫。

本病一年四季均可发生，但夏秋季多发。各种年龄的猪均可感染，幼龄猪易感性高，2~4 月龄猪易感染受害，4~6 月龄猪感染率最高，以后易感性逐渐下降。病猪和带虫猪是本病的传染源，主要通过消化道感染。本病常与其他蠕虫，特别是蛔虫混合感染。

【临床症状】轻度感染时无临床症状，严重感染（虫体达数千条）时，患猪表现日渐消瘦，被毛粗乱，贫血，结膜苍白，顽固性下痢，粪便中带有血丝。随着下痢的发生，患猪瘦弱无力，步行摇晃，食欲消失，渴欲增加，最后衰弱而死。

【病理变化】 在大肠尤其是盲肠中可见到大量虫体。虫体寄生部位周围，有带血黏液，盲肠和结肠溃疡，并形成肉芽样结节。

【防治措施】

1）在本病流行的猪场，每年春、秋两季对全群猪只各驱虫一次，特别对断奶后到6月龄的仔猪，应驱虫1～3次，妊娠母猪在产前3个月驱虫。

2）加强饲养管理，对断奶仔猪应给予富含维生素和多种微量元素的饲料，以增加抵抗力，同时大小猪只宜分群饲养。

3）猪舍及用具应定期消毒，用2%～5%热碱水（65℃以上）、生石灰、5%～10%苯酚均可杀灭虫卵。

4）保持饲料、饮水清洁，严防被猪粪污染。猪粪和垫草清除出舍后，应堆积发酵。

5）治疗。

① 左旋咪唑：每千克体重4～6mg，肌内注射，或每千克体重8mg，口服。

② 阿苯达唑：每千克体重10mg，拌入饲料喂服。

③ 奥苯达唑：每千克体重10mg，拌入饲料喂服。

④ 枸橼酸哌哔嗪（哌嗪）：每千克体重0.3g，拌入饲料喂服。

✚ 猪肾虫病

猪肾虫病，是由有齿冠尾线虫寄生在猪的肾脏内或肾周围脂肪和输尿管壁而引起的寄生虫病。

【流行特点】 猪肾虫是一种形似火柴杆的粗硬线虫，呈暗红色，口囊发达，雄虫长为20～30mm，雌虫长为30～45mm。虫卵较大，卵壳很薄，呈长椭圆形，灰黑色，卵内有几十个卵细胞。

猪肾虫成虫寄生在猪的肾盂、肾周围脂肪和输尿管壁等处所形成的包囊中。包囊与输尿管相通，虫卵随尿液排出，在外界3～5天后成为感染性幼虫。幼虫经猪的口和皮肤进入其体内。经口感染时，幼虫从胃壁经门静脉到肝脏；经皮肤感染时，幼虫随血液到肺脏，再到肝脏；幼虫在肝脏内约两个月，再穿过肝表膜进入腹腔，最后到达肾脏及周围组织，寄生发育为成虫，幼虫在猪体内发育为成虫的过程约需4个月时间。

本病多发于热带和亚热带地区，常呈地方性流行。

【临床症状】患猪食欲不振，猪体消瘦，即使轻度感染时也妨碍生长。感染初期，皮肤上可见到炎症和结节，局部淋巴结肿胀，背部拱起，腰部软弱无力。本病常引起患猪后肢无力，走路时后躯左右摇摆，喜爱躺卧。严重病例，尿中带有白色黏稠块状物和脓液，母猪不孕或流产。哺乳母猪泌乳量减少或缺乏，甚至死亡。

【病理变化】尸体消瘦，皮肤上有丘疹和小结节，淋巴结肿大，肝内有包囊和脓肿，内有幼虫，肝大变硬，结缔组织增生，切面可见到幼虫钙化结节，肝门静脉有血栓，内含幼虫。肾盂有脓肿，结缔组织增生。输尿管壁增厚，常有数量较多的包囊，内有成虫。有时膀胱外围也有包囊，内含成虫，膀胱黏膜充血，腹腔内腹水增多，并可见成虫，肠系膜及肛门淋巴结瘀血。在胸膜壁面和肺中均可见有结节或脓肿，脓肿中可找到幼虫。

【防治措施】

1）猪舍和运动场应保持干燥卫生，并经常进行消毒。

2）发现病猪应严格隔离，并淘汰患病母猪。

3）治疗。

① 丙硫苯咪唑：每千克体重 20mg，一次内服；或按每千克体重 5mg，腹腔注射。

② 驱虫净：每千克体重 20～25mg，一次喂服，每天一次，连服 2 次。

③ 敌百虫：每千克体重 0.1g，一次内服，每周一次，10 次为一个疗程。

十一 猪棘头虫病

猪棘头虫病，是一种由巨吻棘头虫寄生小肠所引起的寄生虫病。

【流行特点】本病病原体是巨吻棘头虫，虫体较大，雄虫长为 70～150mm，雌虫长为 300～680mm。长圆柱形，前端粗，向后逐渐变细，体表有明显的环状皱纹，头端有一个可伸缩的吻突。寄生时，吻突插入黏膜，甚至穿透黏膜层。虫卵呈椭圆形，卵内有成形的小棘头蚴。

猪棘头虫成虫寄生于猪的小肠，主要是空肠。性成熟的雌虫与雄虫交配产卵后，虫卵随粪便排出体外，被中间宿主金龟子或甲虫的幼虫（蛴螬）吞食后，在体内发育成感染性幼虫（称为棘头囊），当猪吞食了感染性幼虫的金龟子或甲虫后被感染，中间宿主在猪消化道内被消化，棘头囊逸出，用吻突固着在小肠壁上，经 2~4 个月发育为成虫。棘头虫在猪体内寄生时间为 10~24 个月，死后随粪便排出（图 6-10）。

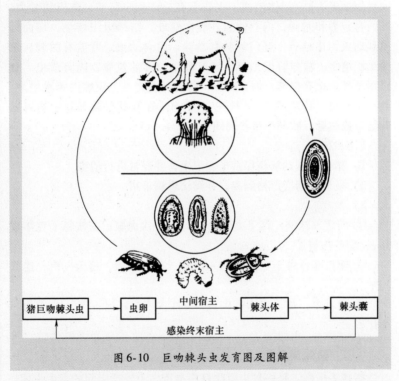

图 6-10　巨吻棘头虫发育图及图解

本病流行比较广泛，放牧猪感染较多，常呈地方性流行，各个品种、各种年龄的猪均可感染，8~10 月龄猪感染率较高，有时人和狗、猫也可感染。病猪和带虫猪是本病的主要传染源，主要通过消化道感染。

【临床症状】患猪轻度感染时症状不明显，仅在后期体质消瘦。严重感染时食欲减退，消化不良，腹泻，常尖叫不安，有时腹部着地爬行，拉稀，粪便带血。病程较长者生长发育缓慢，贫血、消瘦，被毛发焦，最后常因肠壁穿孔、腹膜炎死亡。

【病理变化】剖检时可在小肠内找到虫体，有时虫体叮在肠壁上不易取下，肠黏膜局部坏死，甚至空孔。

【防治措施】

1）对猪群定期进行驱虫，在本病流行地区，每年春秋季各驱虫一次，以减少感染。

2）加强猪群的饲养管理，圈舍保持清洁干燥，粪便堆积发酵，消灭虫卵。

3）改养猪放牧方式为舍饲方式，尤其在六七月甲虫类活跃季节，以防止猪吃到中间宿主。

4）采取必要措施，消灭中间宿主。在本病流行地区，可在猪场外的适宜地点设置诱虫灯，用以捕杀金龟子等。

5）治疗。

① 左旋咪唑：每千克体重 8 ~ 15mg，口服。

② 丙硫苯咪唑：每千克体重 10 ~ 15mg，混入饲料中口服。

十二 猪犁形虫病

猪犁形虫病是由犁形虫通过蜱吸血进入猪体侵入红细胞而发病。临床以贫血、衰弱、神经症状和尿茶色为特征。

【流行特点】猪犁形虫为多形体，有圆形（0.6 ~ 2.3μm，平均 1.6μm）、环形（1.3 ~ 3.8μm，平均 2.1μm）、椭圆形（2.1 ~ 1.6μm）、单梨形 [（1.9μm × 0.9μm）~（3.8μm × 1.9μm），平均 3.1μm × 1.7μm]、双梨形（3.1μm × 1.6μm）。犁形虫在蜱体内经过繁殖和发育，对猪体吸血即可使之受到感染，进入血液后，虫体与红细胞相遇即进入红细胞，一个红细胞内可找到 1 ~ 8 个虫体，红细胞感染率为 21% ~ 61.6%。

第六章 猪寄生虫病的诊治

【临床症状】患猪体温 40 ~ 42℃，稽留 3 ~ 7 天，或直至死亡，死前降至 35 ~ 36℃。体态消瘦，被毛粗乱，鼻镜干凉，眼结膜苍白黄染。腹式呼吸，喘息，间或咳嗽，肺听诊有湿啰音（口哨音、嗽口音）。心悸亢进，心律不齐，心跳加快。开始少食，后废食，肠音弱，初期粪如球，表面有黏膜及血，后期拉稀，黄红色，有消化不全的食物，尿茶色。四肢关节肿大，腹下水肿。有的精神沉郁，反应迟钝，昏睡，极度衰竭直至死亡。有的转圈，痉挛，划肢，运动乏力，后肢交叉及腰运转不灵，步态跛踉，少数狂跳死亡。

【防治措施】

1）猪舍或运动场，放牧地应经常检查有无蜱的存在，特别是靠近丘陵、山区的牧地或运动场的灌木丛和草丛，如果发现蜱应停止放牧，并消灭猪体、猪舍和牧地的蜱。不要与牛、羊、鸡等多种动物共养，不从有蜱地区运进干草作褥草，防止带进蜱传播本病，如果发现本病，立即隔离检查猪体是否有蜱，如果有应立即消灭，并给予治疗。

2）治疗。

① 贝尼尔：每千克体重3mg，以灭菌蒸馏水配成5%溶液做肌内注射，第二天未恢复正常再注射一次，效果良好。

② 阿卡普林：每千克体重0.8mg，以灭菌蒸馏水配成5%溶液皮下注射（注前1h先注5mg阿托品1mL），也可取得良好效果。

③ 对未发病的猪，用上述药物的一种做预防性注射，可防止本病的发生。

十三　猪弓形虫病

猪弓形虫病是由弓形虫所引起的一种人畜共患寄生虫病。

【流行特点】弓形虫为很微细的原虫，样子似弓形，故称弓形虫。虫体在猪、人等中间宿主内有滋养体和包囊体两种形式。滋养体一端稍尖，另一端钝圆形，核位于中央或稍贪偏于钝端，大小为：钝端4～8μm，锐端1.5～4μm，呈半月状、香蕉形、梭形、梨形或椭圆形。包囊体呈圆形或椭圆形，直径为10～50μm，其中充满滋养体。在终末宿主猫体则有裂殖体、配子体和卵囊。卵囊呈椭圆形或类圆形，浅绿色。卵囊的抵抗力很强，能耐酸、碱和普通消毒剂，在温暖潮湿的环境中存活1年仍有感染力。

本病分布很广，很多种动物均可感染。其感染可通过口、眼、鼻、咽、呼吸道、肠道、皮肤等多种途径传播，严重感染期间还可通过胎盘垂直传播。患畜的尸体、内脏、血液、分泌液、排泄物中

128

均含有弓形虫。猪是弓形虫病的主要传播者和重要传染源，在本病的传播中起着重要作用，自然感染的猪粪便中的卵囊，对猪有很强的感染力。

在本病感染链中，当猫吃到弓形虫的滋养体或卵囊后，在肠内逸出子孢子或滋养体，一部分进入血液，在体内进行无性繁殖；另一部分进入小肠上皮变成裂殖体，形成裂殖子，又进入新的上皮细胞，发育为小配子和大配子，两者结合为合子，再发育为卵囊随粪便排出。猪吞食卵囊，在肠内逸出子孢子，进入血液，经血液循环到全身各处细胞内无性繁殖，即可发生弓形虫病。

【临床症状】潜伏期为 3～7 天，患猪表现精神沉郁，结膜高度发绀，皮肤上有紫红色斑块，体温升高到 40.5～42℃，并持续 7～10 天，结膜充血，常见有眼屎，鼻镜干燥，鼻孔有浆液性、黏液性或脓性鼻汁流出，呼吸困难，全身发抖，食欲减退或废绝。发病初期便秘，后期下痢，排出水样或黏液性或脓性恶臭粪便，最后卧地不起，因极度衰竭、窒息而死亡。一般病程 10 天左右。妊娠母猪可发生流产，产死胎。

【病理变化】病死猪头、耳、下腹部等皮肤发紫，全身淋巴结特别是肺门淋巴结肿大，充血出血，切面外翻，多汁，甚至呈紫黑色。肺呈紫黑色，被膜光滑，充血水肿，间质增宽，切面外翻，有多量泡沫样液体流出。肝肿大呈灰黄色，常见有针尖大小或小米粒大小的坏死灶。肾呈土黄色，散布有小出血点，镜检肺、肝和淋巴结，可发现弓形虫体。

【防治措施】

1）猪场应全面开展灭鼠活动，禁止养猫，如果有野猫，设法扑灭。

2）保持猪舍卫生，及时清除粪便，定期对环境、用具进行消毒。

3）治疗。

① 磺胺嘧啶（每千克体重 70mg）＋甲氧苄啶（每千克体重 14g），口服，每天 2 次，连用 3～5 天。

② 磺胺氨苯砜，每天每千克体重 10mg，给药 4 天，对急性病猪

有效。

③磺胺六甲氧嘧啶，每千克体重60~100mg，单独口服，或配合甲氧苄啶14mg口服，每天1次，连用4天。

十四 猪球虫病

猪球虫病多见于仔猪，可引起仔猪严重的消化道疾病。成年猪多为带虫者，带虫现象比较普遍，以感染程度低及大多数无致病性为其特点。

【流行特点】据有关资料介绍，猪球虫有13种，分属艾美耳属和等孢属，其中以猪等孢球虫和蒂氏艾美尔球虫为常见。下面以猪等孢球虫为例说明其病原形态。

卵囊呈椭圆形或球形，大小为（18.7~23.9）μm×（16.9~20.1）μm，囊壁单层，光滑无色，长与宽的比例为1.02∶1.24，无极粒和内残体。直接从肛门采集的粪样中，有2%的卵囊已有孢子形成。囊内有2个孢子囊，每个孢子囊内有4个香肠状子孢子，一端稍尖，靠近钝端有一个清晰的亚中心核，孢子囊中有一个很大的折射球，常由疏松的颗粒围成，即内残体。

除猪等孢球虫外，一般多为数种混合感染。受球虫感染的猪从粪便中排出卵囊，在适宜条件下发育为孢子化卵囊，经口感染猪。仔猪感染后是否发病，取决于摄入卵囊的数量和虫种。仔猪群过于拥挤和卫生条件恶劣时便增加了发病的危险性。孢子化卵囊在胃肠消化液作用下释放出子孢子，子孢子侵入肠壁进行裂殖生殖及配子生殖，大、小配子在肠腔结合为合子，再形成卵囊随粪便排出体外。感染后5天粪检即可发现卵囊。临床上卵囊排出有两个高峰期，即感染后5~7天和10~14天。猪球虫病不论是规模化方式饲养的猪，还是散养的猪均有发生。猪等孢球虫病主要危害初生仔猪，1~2日龄猪感染时症状最为严重，并可伴有传染性胃肠炎、大肠杆菌和轮状病毒感染。被列为仔猪腹泻的重要病因之一。

【临床症状及病理变化】猪等孢球虫的感染以水样或脂样的腹泻为特征，排泄物从浅黄色到白色，恶臭。病猪表现衰弱，脱水，发育迟缓，时有死亡。组织学检查，病灶局限在空肠和回肠，以绒毛萎缩与变钝、局灶性溃疡、纤维素坏死性肠炎为特征，并在上皮细胞内见有发育阶段的虫体。

艾美耳属球虫通常很少有临床表现，但可发现于 1 ~ 3 月龄腹泻的仔猪。该病可在弱猪中持续 7 ~ 10 天，主要症状有食欲不振，腹泻，有时下痢与便秘交替。一般能自行耐过，逐渐恢复。

【防治措施】

1）本病可通过控制幼猪食入孢子化卵囊的数量进行预防，目的是使建立的感染产生免疫力而又不引起临床症状。这在饲养管理条件较好时尤为有效。

2）新生仔猪应初乳喂养，保持幼龄猪舍环境清洁、干燥。饲槽、饮水器应定期消毒，防止粪便污染。尽量减少因断奶、突然改变饲料和运输产生的应激因素。

3）母猪在产前 2 周和整个哺乳期饲料内添加 250mg/kg 的氨丙啉对等孢球虫病可达到良好的预防效果。

4）发生球虫病时，就应使用抗球虫药物进行治疗。可采用百球清、地克株力、盐霉素、莫能霉素、马杜拉霉素等。

十五 疥癣病

猪疥癣病，是一种由疥螨虫寄生于猪皮肤而引起的慢性皮肤寄生虫病。

【流行特点】疥螨成虫呈灰白色或略带黄色，外形椭圆，形似蜘蛛，有 4 对足，在足的末端有吸盘或刚毛。虫体很小，肉眼很难看到，雄虫（0.23 ~ 0.34）mm ×（0.17 ~ 0.24）mm，雌虫（0.34 ~ 0.51）mm ×（0.28 ~ 0.36）mm，虫卵呈椭圆形，大小为 0.15mm × 0.1mm。疥螨在潮湿、寒冷环境中生命力强，而对干燥、温暖及阳光直射抵抗力很弱。

疥螨虫在猪皮肤内打隧道寄生，以淋巴液和组织浆液为食，并在洞内产卵繁殖后代。一个雌虫每天产卵 1 ~ 2 个。虫卵经过 3 ~ 4 天卵化成幼虫，再过 2 ~ 3 天变成若虫，若虫再经过 3 ~ 4 天发育为成虫。性成熟的雌虫与雄虫交配，雌虫在 3 ~ 4 天后开始产卵。猪疥螨虫从虫卵发育至成虫，需要 10 ~ 12 天时间。

本病各种年龄的猪均可感染，但以仔猪多发。感染发病没有季节性，但秋、冬、春季发病较多，夏季发病较少。带螨猪是主要传

染源，健康猪通过与患猪直接接触或接触被污染的栏杆、用具、杂物等而感染。饲养管理条件差或卫生条件差的猪场都会有本病的发生。

【临床症状】患猪的病变主要发生在皮肤细薄、体毛较少的头颈、肩胛等部位。大部分先发生在头部，特别是眼睛周围，严重时可蔓延至腹部、四肢乃至全身。由于疥螨虫的口器刺入皮下吸食淋巴液和组织浆液，患部开始发红，局部发炎，瘙痒，经常在墙角、猪栏等粗糙处摩擦。数日后皮肤上出现小结节，随后破溃，结成痂皮，体毛脱落。病情严重时出现皮肤干裂，食欲减退，生长停滞，逐渐消瘦，甚至引起死亡。

【防治措施】

1）要保持圈舍通风透光、干燥清洁，冬春季节勤换垫草。

2）猪群不能过于拥挤，定期消毒圈栏、用具等。

3）新引进的猪应仔细检查，确定无螨才能合群饲养。

4）对猪群进行定期驱虫消毒，对病猪及时治疗。

5）治疗。

① 敌百虫：溶解在水中，配成 1%～3% 剂量喷洒猪体或洗擦患部。间隔 10～14 天再用一次，效果更好。敌百虫水溶液要现用现配，不宜久存。

② 伊维菌素：猪每千克体重 0.3mg，皮下注射或浅层肌内注射，药效可在猪体内维持 20 天左右。

③ 螨净：用剂量 250mg/kg（25% 螨净 1mL，加水 1000mL）喷洒。

十六 猪虱病

猪虱病，是一种由猪虱寄生于猪体表面而引起的体表寄生虫病。

【病原特性】猪虱体形较大，肉眼容易看见。雄虫长为 3.5～4.15mm，雌虫长为 4～6mm。体形扁平，呈灰黄色，体表有小刺。虫体由头、胸、腹三部分组成。虫卵呈长椭圆形，黄白色，着于被毛上。

本病各种年龄的猪均有感染性，一年四季均可发生，但以寒冷季节感染严重。带虫猪是传染源，通过直接或间接接触传播，在场地狭窄、猪只密集拥挤、管理不良时最易感染。也可通过垫草、用具等引起间接感染。

雌虱日产卵1~4个，一生可产卵50~80个。在产卵时能分泌一种物质，可把虫卵黏附在毛上或鬃上。虫卵经过12~15天，孵化出幼虱，幼虱吸食血液，再经过10~14天，蜕皮3次，发育为成虫，性成熟的雌虱与雄虱交配，大约经过10天开始产卵。猪虱终生生活在猪体上，离开猪体后能生活1~10天。当患猪与健康猪接触，猪虱就可以爬到健康猪身上。

【临床症状】猪虱多寄生于耳朵周围、体侧、臀部等处，严重时全身均可寄生。成虫叮咬吸血刺激皮肤，引起皮肤发炎，出现小结节，猪经常瘙痒和磨蹭，造成被毛脱落，皮肤损伤。幼龄仔猪感染后，症状比较严重，常因瘙痒不安，影响休息、食欲以及生长发育。

【防治措施】

1）要保持圈舍通风透光、干燥清洁，冬春季节勤换垫草。

2）猪群不能过于拥挤，定期消毒圈栏、用具等。

3）新引进的猪应仔细检查，确定无虱才能合群饲养。

4）对猪群进行定期驱虫消毒，对病猪及时治疗。

5）治疗。

① 敌百虫：溶解在水中，配成1%~3%剂量喷洒猪体或洗擦患部。间隔10~14天再用一次，效果更好。敌百虫水溶液要现用现配，不宜久存。

② 伊维菌素：猪每千克体重0.3mg，皮下注射或浅层肌内注射。

第六章
猪寄生虫病的诊治

——第七章——
猪营养代谢病的诊治

一 猪钙、磷代谢机能紊乱

动物体内钙、磷占全部矿物质的60%～80%，占体重的2%。钙的绝大部分是以无机盐的形式存在于机体内。最常见的是磷酸盐和碳酸钙盐，是血液、淋巴、骨等组织的重要组成部分，磷以有机化合物形式存在于血液和组织中。

钙能维持肌肉的兴奋性，维持心脏的正常活动，参与血液凝固过程。磷是辅酶的组成成分，对脂肪和糖的吸收与中间代谢过程有很大影响。钙与磷是骨骼组织的重要组成成分，如果缺乏，则出现软骨症和佝偻病。

【病因】 饲料中钙与磷缺乏或钙、磷比例失调，不能满足机体生长、发育和维持正常生理活动，造成动物体内缺钙少磷。正常情况下，饲料中钙、磷的比例为 (1.5～2):1，当钙、磷比例失调时，会引起钙或磷缺乏。当饲料中钙过多时，与磷结合，形成不溶性磷酸盐，影响磷的吸收。若饲料中磷过多时，与钙结合，则影响钙的吸收。当维生素D缺乏时，磷与钙不能充分地被吸收，而且直接影响骨骼中磷酸钙的合成。此外，胃肠功能紊乱、甲状腺机能紊乱等也可造成钙、磷代谢紊乱。

【临床症状及病理变化】 钙与磷缺乏，仔猪主要表现为佝偻病。病猪生长发育不良，面骨肿胀，硬腭突出，口腔闭合不严，咀嚼无力，食欲减退，消化不良。关节粗大，四肢呈不同程度弯曲，喜卧，不愿行动，行走疼痛，往往出现不同程度跛行，骨质疏松，容易发生骨折，常常发生瘫痪。病理变化为骨骼变形、弯曲，髓细胞钙化不全，软骨增生，似海绵状，骨骺增大，黄骨髓呈红色胶样变，关节面出现溃疡。

钙与磷缺乏，成年猪表现为软骨症或纤维性骨营养不良。临床上多见于妊娠后期和泌乳期母猪。主要症状是食欲不振，消化不良，日益消瘦，营养不良，后躯麻痹；不能站立或勉强站立，但站立不稳，行走跛跛，东倒西歪，关节疼痛，呈现跛行；轻微的打击、跌倒等易引起骨折，特别是骨盆骨、股骨和腰部更易骨折。骨的病理变化为，成骨脱钙，骨质疏松。

【防治措施】

（1）预防　预防本病首先要合理搭配饲料，保证钙、磷含量和比例，饲料中钙和磷的正常比例为（1.5~2）:1，在配合饲料中添加足量的维生素 D，与此同时，加强猪只的运动，扩大阳光照射面积，使猪只得到充分的阳光照射。

（2）治疗

① 可选用磷酸氢钙、骨粉、乳酸钙和碳酸钙等钙制剂，成年母猪每头每天饲喂 30~50g，幼龄仔猪每头每天 5~10g，在补给钙制剂的同时，最好能够同时添加鱼肝油，一般剂量为 5~15mL，加强猪只运动，增加阳光照射。

② 肌内注射 V 丁胶性钙注射液，每次 2~6mL，每天或隔天一次，连续 5 次为一个疗程，休息 3~5 天后可再进行第二个疗程。

③ 静脉注射钙制剂，如 10% 葡萄糖酸钙注射液、10% 氯化钙注射液 30~50mL，隔天一次，连用 3~5 次。

二　猪铁缺乏症

铁缺乏症是由于缺铁而引起的一种营养性贫血性疾病。铁在猪体内含量较少，但其作用特别大，它是血红蛋白的组成部分，是红细胞生成的重要材料，若铁缺乏，则引起猪贫血症状，这是仔猪的一种常见病。

【病因】

（1）供铁不足　配合饲料中含铁量不足，或因土壤中缺铁而引起饲料中铁缺乏。铁质进入猪体内的量减少，造成缺铁而贫血。

（2）失血过多 由于各种原因，造成长期慢性失血或毒血症等，如慢性寄生虫病，使铁质流失过多和利用率降低，造成猪体内铁质减少。

（3）铁吸收障碍和消耗过多 由于各种胃肠道疾病，尤其是胃酸缺乏，造成铁质吸收受阻；妊娠母猪和仔猪生长发育期需铁量增多，相对来说造成猪体内铁缺乏，引起缺铁性贫血。

【临床症状及病理变化】本病以3周龄左右的哺乳仔猪发病率最高，多在出生后8~9天出现贫血症状，突然表现为皮肤及可视黏膜淡染甚至苍白，轻度黄染，严重时黏膜苍白如白瓷，几乎见不到血管。吸乳能力下降，身体消瘦。日龄较长的猪，食欲时好时坏，腹泻或便秘，有时出现异嗜癖，喜食杂物、杂草、泥沙、砖头和破布等，精神不振，被毛粗乱、无光泽，渐进性消瘦，体质虚弱，可视黏膜苍白。血液检查有明显变化，红细胞减少到132万~312万，血红蛋白含量降低到25%以下，血色指数低于1。血细胞形状多样，大小不等，出现很多多染性红细胞。白细胞略有增加，淋巴细胞增加明显，嗜酸粒细胞减少，不见有嗜碱粒细胞，血色变浅，稀薄如水，血液凝固性降低。

【防治措施】

1）日粮中配给足够量的铁，满足猪只的需要，低价铁比高价铁好，易溶解的铁盐比难溶解的铁盐吸收好。常使用的铁制剂有：硫酸铁、柠檬酸铁、酒石酸铁、葡萄糖酸铁等。有人认为仔猪和妊娠母猪每天每头供给铁15mg，就可以抗贫血。有的人认为生长猪每千克饲料中添加110~120mg铁就可以满足猪只的需要。目前有资料报道，应用螯合铁，效果更好。

2）舍饲的母猪和仔猪，每天在舍内地上撒少量的含铁黄土，或在猪舍一角放一块铁，让仔猪自由舔食，有抗贫血的功效。

三 猪铜缺乏症

铜缺乏症是由于铜摄入量少而引起的一种营养代谢病，临床上以贫血、被毛变色、骨骼发育异常等为特征。

铜在猪体内的含量甚微，但作用却极大，是猪体内不可缺少的微量元素。铜是机体内诸多氧化酶的组成成分。与组织内呼吸有密切的关系，是血红蛋白合成的催化剂，促进铁的利用以合成血红蛋白。此外，还参与机体的骨骼代谢和免疫功能，对猪的生长发育有良好的作用。

【病因】日粮中含铜量绝对缺乏或相对不足，或饲料中存在拮抗物质如铝等过多，以及慢性消化道疾病等，使摄入猪体内铜含量减少，则发生贫血或其他疾病。

【临床症状】病猪表现生长缓慢，食欲减退或废绝，消化不良，排稀便，多数出现异嗜癖，如啃木桩、吃泥土、嚼煤渣、舔墙壁或铁栏杆等，被毛蓬乱无光泽，毛变色，最后大量脱落，可视黏膜苍白，有的病猪出现骨骼发育异常，骨骼弯曲，关节肿大，表现僵硬，触之敏感，起立困难，行动缓慢，跛行，四肢易出现骨折。

【防治措施】

1）在日粮中配给足够量的铜。一般在日粮中添加0.1%硫酸铜，或按每千克饲料添加250mg铜，可促进猪只的生长发育，提高饲料的利用率。

⚠ 【注意】补铜量不宜过高，否则易引起铜中毒。

2）硫酸铜0.5g、硫酸铁1g、氯化钴1g、水100mL，混合溶解后，供仔猪自饮。

3）畜用复方微量元素添加剂，按每千克体重日服0.2g，分3次内服；也可混入饲料中喂服，连用25天，停药5天后，可再次循环使用。

四 猪碘缺乏症

碘缺乏症是由于饲料或饮水中含碘不足或吸收障碍而引起的一种营养代谢病。碘在猪体内含量很微量，且主要存在于甲状腺中，碘是甲状腺素的重要组成部分。甲状腺素对体内物质代谢起着重要的调节作用，直接影响猪只的生长。

【病因】某些地区的饲料、饮水（水质过硬、过软等）中含碘量甚微或缺乏，使猪体内的碘摄入不足，易引起本病。由于消化道疾病或其他疾病等因素，影响碘的吸收，破坏消化道内的碘，或碘消耗过多，则发生碘缺乏症。此外，甲状腺机能破坏、甲状腺切除也是引起碘缺乏的原因。

【临床症状】母猪表现不明显，有时出现颈部肿大，详细检查时，甲状腺肿大呈纺锤形。但往往不是对称性肿大。缺碘母猪大多数分娩正常，流产现象也较为少见，但产下仔猪多为弱仔、死胎。仔猪多半无毛或少毛，头颈、肩部皮肤增厚、多汁和水肿。仔猪生活力差，常陆续死亡，有的全窝覆灭。暂时没有死亡的仔猪，则出现发育不良，生长极为缓慢。

全身发生黏液性水肿症状，病猪表面看来很肥胖，其实是水肿引起的假肥胖。

【防治措施】治疗母猪缺碘时，每周在饲料中加喂碘化钾 0.2g，给仔猪补碘时，常应用 2% 碘酊 2~3 滴，涂于母猪乳头上，任仔猪自由舔食。

集约化养猪，利用喷洒方法处理饲料比较方便，其方法是碘片 1g，碘化钾 2g，共溶解于 250mL 水中，然后加水至 25L，每头按 20mL 计算，使用喷雾器洒在 1 周所用饲料中。

五 猪食盐缺乏症

食盐缺乏症是由于饲料中食盐缺乏而引起的一种营养代谢病。食盐又称氯化钠，由钠离子和氯离子组成，广泛地存在于猪的体内（软组织、体液和乳汁中等），它对调节体液的酸碱平衡，保持细胞和血液间的渗透压的平衡，起着极其重要的作用，它还能刺激唾液腺分泌和增加消化酶活性的功能，它是胃酸组成的重要材料，对增强消化机能起着重要的作用。在饲料中添加人工盐，可改变饲料的适口性，增进食欲，促进消化，提高饲料的利用率，是猪只在生长发育过程中不可缺少的矿物质之一。

【病因】配合饲料中配给的食盐不足，使猪只体内食盐减少，引起食盐缺乏症。由于各种疾病，尤其是中暑、剧烈运动、烈日曝晒等因素，使猪只大汗淋漓，大量失盐和脱水，引起食盐缺乏。

【临床症状】食盐缺乏时，往往出现生长发育缓慢，食欲减退，饲料利用率降低，被毛粗乱，无光泽，体重减轻，出现异嗜癖现象，病猪乱啃异物、咀嚼煤渣、舔食泥沙等。严重时被毛脱落，肌肉神经系统功能紊乱，心跳失常等。

【防治措施】个体养猪，按每天每头饲喂食盐 5~10g，改善饲料的适口性，增强食欲和消化功能，促进猪只的生长发育。集约化猪场，在饲料中配给 0.5% ~ 0.61% 食盐，长期饲喂，有预防食盐缺乏的作用。

六 猪硒·维生素 E 缺乏症

硒和维生素 E 都具有抗氧化作用，可使组织免受体内过氧化物的损害而对细胞正常功能起保护作用。而二者也各有不同的性能，饲料中的硒可以保护敏感的非膜蛋白免受氧化损害，但维生素 E 却不能。硒不仅参与辅酶 A 和辅酶 Q 的合成，而且能促进蛋白质的合成。如果硒极端缺乏，也使胰脂酶的合成受阻，影响脂肪和维生素 E 的吸收。另一方面，一定的组织或亚细胞成分不能完全抵抗氧化剂的损害，因为它们固有的谷胱甘肽过氧化物酶含量低，甚至在饲料中硒充足时也是如此。饲料中含有大量不饱和脂肪酸，导致这些组织受到的损害将更加剧，这种损害对维生素 E 能充分应答，但对硒则不能。

已知缺硒的国家和地区很多，主要分布在北纬 30° ~ 60° 地区。在我国约有 2/3 地区缺硒，因土壤内硒含量低，直接影响农作物的硒含量，植物性饲料的适宜含硒量为 0.1mg/kg，当土壤含硒量低于 0.5mg/kg，植物性饲料含硒量低于 0.02mg/kg 时，便可引起动物发病。此外，酸性土壤也可阻碍硒的利用，而使农作物含硒量减少。

维生素 E 是含不同比例的 α-、β-、γ-、δ-生育酚以及其他生育酚的一种混合物，其中以 α-生育酚的生物活性最高。但维生素 E 的化学性质不十分稳定，在饲料中可受到矿物质和不饱和脂肪酸的氧化，使生育酚的活性丧失。

单纯发生硒或维生素 E 缺乏并不多见，临床上较多发生的是微量元素硒和维生素 E 共同缺乏所引起的畜禽硒·维生素 E 缺乏症（国外称畜禽硒·维生素 E 反应症）。其病理特性主要表现为骨骼肌变性、坏死（肌营养不良、白肌病），肝营养不良及心肌纤维变性等。同时导致仔猪骨髓成熟障碍，引起红细胞的生成不足和溶血。

本病一年四季都可发生，以仔猪发病为主，多见于冬末春初。

【病因】

1）土壤含硒量低于 0.5mg/kg 或饲料中含硒量低于 0.05mg/kg，

即易导致畜禽缺硒。

2）硫是硒的拮抗物，如果放牧地、田间施用硫肥过多，或煤炭燃烧过多，也能造成植物缺硒。

3）青绿饲料中含有过多的不饱和脂肪酸，则胃肠吸收不饱和脂肪酸增加，其游离根与维生素 E 结合，可引起维生素 E 的缺乏，导致肌、肝的营养不良和坏死。

4）猪日粮中含铜、锌、砷、汞、镉过多，影响硒的吸收。

【临床症状】依病程经过可分为急性、亚急性和慢性。依发生的器官可分为白肌病（骨骼肌型）、桑葚心（心肌型）、肝营养不良（肝变型）。

体温一般无异常，精神沉郁，以后卧地不起，继而昏睡。食欲减退或废绝，眼结膜充血或贫血，仅见眼睑浮肿。白毛猪皮肤，病初可见粉红色，随病程延长而逐渐转变为紫红色或苍白，颌下、胸下及四肢内侧皮肤发绀。骨骼肌型的患猪初期行走时后躯摇摆或跛行，严重时后肢瘫痪，前肢跪地行走，强直起立，肌肉震颤，常尖叫。心肌型则心跳快，节律不齐。育肥猪肌肉变性，出现肌红蛋白尿，有渗出性素质时皮下浮肿。

(1) 先天性缺硒　生后几小时至 2 天即表现皮肤发红，软弱无力，站立困难，趴卧，后肢向外伸展，全身寒战，末梢部位冷，体温 37℃，个别腹泻，全身皮下水肿，四肢皮肤趋皱，显得透明有波动，关节轮廓不显，颈、肩皮下水肿也很明显，多在病后 3～5h 死亡，少数拖延至第二天。以显化法用示波极谱仪检肝，含硒为 0.04～0.58μg/kg 重。

(2) 白肌病　主要见于 3～5 周龄仔猪，急性发病多见于体况良好，生长迅速的仔猪，常无任何先兆，突发抽搐、嘶叫，几分钟后死亡。有的病程延长至 1～2 周，精神不振，不愿活动，喜卧，步行强拘，站立困难，常呈前肢跪下或犬坐姿势。继续发展则四肢麻痹，心跳快而弱，节律不齐，呼吸浅表，排稀粪，尿血红蛋白尿。

成年猪多呈慢性经过，症状与仔猪相似。但病程较长，易治愈，死亡率低。

(3) 桑葚心　一般外观健康，无前驱症状即死亡，可能发现死亡猪不只1头。如果见有存活的，则表现呼吸困难，发绀，躺卧，如果强迫其行走可立即死亡。大约有25%表现症状轻微，饮食不振，迟钝，如果遇天气恶劣或运输等应激将促其急性死亡。皮肤有不规则的紫红色斑点，多见于股内侧，有时甚至遍及全身，一般体温、粪便正常，心率加快。

（4）肝营养不良（饮食性肝机能病）　多见于3~4周龄仔猪，常在发现时已死亡。偶有一些病例在死亡前出现呼吸困难，严重沉郁，呕吐，蹒跚，腹泻，耳、胸、腹部皮肤发绀，后肢衰弱，臀、腹下水肿。病程较长者多有腹胀、黄疸和发育不良。

【病理变化】

（1）先天性缺硒（初生仔猪）　四肢胸腹下皮肤发红，全身皮下水肿，股、胯、腹壁、颌下、颈、肩水肿层厚达1~2cm。局部肌肉大量浸润，水肿液清亮如水，暴露空气后不凝固，心包有不同程度积液。两肾苍白易碎，周围水肿，少数表面有小红点，肝瘀血，呈暗红色或一致的黄土色。肠系膜不同程度水肿。全身肌肉，尤其后腿、臀、肩、背、腰部肌肉苍白，有些为黄白色，肌间有水肿液浸润，致肌肉松软半透明。心、肺、脾、胃肠道、膀胱无眼见病变，血色浅薄。

（2）白肌病　骨骼肌色浅，如鱼肉样，以肩、胸、背、腰、臀部肌肉变化最明显，可见白色或浅黄色的条纹斑块状稍浑浊的坏死灶。心肌扩张变薄，以左心室为明显，心内膜隆起或下陷，膜下肌肉层呈灰白色或黄白色条纹或斑块。肝肿大，硬而脆，切面有槟榔样花纹。肾充血肿胀，实质有出血点和灰色的斑状灶。脑白质软化。

（3）桑葚心　心脏扩张，两心室容积增大，横径变宽，呈圆球状，沿心肌纤维走向发生多发性出血呈紫色，如桑葚样。心肌色浅而弛缓，心内外膜有大量出血点或弥漫性出血，心肌间有灰白或黄白色条纹状变性和斑块状坏死区。肝容积增大，有杂色斑点呈肉蔻样，中心小叶充血和坏死。肺、脾、肾充血，心包液、胸水、腹水明显增量，透明橙黄色。

（4）肝营养不良　急性，肝正常的红褐色小叶和红色出血性坏死小叶及白色或浅黄色缺血性凝固坏死小叶混杂在一起，形成彩色多斑的嵌花式外观（俗称花肝）。发病小叶可能孤立成点，也可联合成片，并且再生的肝组织隆起，使肝表面粗糙不平。慢性，出血部位呈暗红色或红褐色，坏死部位萎缩，结缔组织增生，形成瘢痕，使肝表面凹凸不平。

【防治措施】

1）对曾发生过白肌病、肝营养不良和桑葚心的地区或可疑地区，冬天给妊娠母猪注射 0.1% 亚硒酸钠 4~8mL，也可配合维生素 E 50~100mg。每隔半个月注射 1 次，共注 2~3 次（同时也可减少白痢的发生）。

2）为防止仔猪发病，仔猪生后 7 日龄、断奶时及断奶后 1 个月，用亚硒酸钠，每千克体重 0.06mL（相当于 0.1% 亚硒酸钠 0.06mg）各注射 1 次。也可根据本地区土壤、饲料、动物血的硒含量制定本地区硒的预防量。在病区预防量，仔猪 1~10 日龄 0.5mg，11~20 日龄 0.75mg，21~30 日龄 1mg，30 日龄以上哺乳猪和断乳仔猪，每间隔 15 天定期补硒 1 次，也可用常水配制 0.1% 亚硒酸钠溶液，每头每次 1~2mL 口服。

3）在缺硒地区，每 100kg 饲料中加 0.022g 无水亚硒酸钠（硒 0.1mg/kg），同时每千克饲料添加维生素 E 20~25 单位，可防止本病的发生。

4）先天性仔猪硒缺乏，不仅对病仔猪用亚硒酸钠注射无效，而且孕猪后期补硒也难以有效。必须在配种后 60 天以内补硒，每半个月 1 次，每次用 0.1% 亚硒酸钠 5~10mL 拌饲料喂或每半个月肌内注射 10mL，并在妊娠 2~2.5 个月和产前 15~25 天分别肌内注射 0.1% 亚硒酸钠 10mL。

5）治疗时用亚硒酸钠维生素 E 注射液（每支 5mL、10mL，每毫升含维生素 E 50 单位、亚硒酸钠 1mg），仔猪每次肌内注射 1~2mL。

硒的治疗量与中毒量很接近，猪肌内注射的致死量每千克体重为 1.2mg，猪的体重越大，中毒量越小。因此，不能大小猪一律按千克体重计算，否则会使大猪发生中毒事故。如果发生中毒（注射 2min 后，初期呕吐、沉郁，呆立不动或喜卧，步履蹒跚，疼痛，结膜发绀，转圈运动；后期瘫痪，呼吸困难，视力严重减退，最后呼吸衰竭死亡），用小量三氧化二砷加大量饮水，能解除硒中毒。肌内注射二硫基丙醇，每千克体重 2.5～5mg 也能减轻硒的毒性。

给予高蛋白日粮，如鸡蛋白、黄豆浆、煮黄豆、亚麻籽油可降低硒的毒性。

七 猪锌缺乏症

锌缺乏症是由于体内含锌不足或吸收不良而引起的一种营养代谢病。临床特征是生长缓慢、皮肤角化不全、繁殖机能障碍及骨骼发育异常。

锌参与机体内数量众多酶的合成，已知有 200 多种酶含有锌，如碱性磷酸酶、碳酸酐酶、乳酸脱氢酶、DNA 聚合酶和胸腺嘧啶核苷酶等。此外，锌还参与机体免疫反应等，虽然含量很少，但具有重大作用。

【病因】

（1）原发性锌缺乏　主要原因是饲料中锌含量绝对不足。生长在缺锌土壤（主要是石灰性土壤、黄土、黄河冲击形成的各类土壤以及紫色土，也见于施过量石灰和磷肥的土壤）的饲料，一般锌含量均低于正常需要量（每千克饲料 40mg）。

（2）继发性锌缺乏　主要是饲料中存在干扰锌吸收利用的因素。已经证明，钙、铜、铁、铬、锰、碘和磷等元素，均可干扰锌的吸收利用。据报道，钙在植酸的存在下，同锌形成不易吸收的钙—锌—植酸复合物，而干扰锌的吸收。

另外，也有资料证明，无论饲料中锌的含量有多少，只要饲料中的植酸与锌的摩尔浓度比超过 20∶1，即可导致临界性锌缺乏，如果其浓度比再增大，则可引起严重的锌缺乏。

【临床症状】病猪表现食欲不振，营养不良，生长发育缓慢，膘情不良，被毛粗糙无光泽，全身出现一片一片地脱毛现象。脱毛处多发生在颈部、脊背两侧和腰臀部，严重病猪在头部和眼圈周围也发生脱毛，个别病猪全身脱毛，成了无毛猪，就像用刀刮的一样干净。皮肤出现界限明显的红斑，而后转为直径为 3～5cm 的丘疹，最后形成结痂和数厘米深的裂隙（网状干裂），失去正常的弹性，但无奇痒感，蹄底有横裂纹，这一过程历时 2 ~ 3 周。有的病猪出现呕吐和腹泻，母猪产后少尿或无尿和缺乳，有的母猪长期假发情，屡配不孕，产仔减少，初生仔猪虚弱，甚至出现死胎。边缘性缺锌时，可见被毛变色，胸腺萎缩，公猪性欲减退，精子数量减少。

【防治措施】

1）合理调配日粮，保证日粮中有足够量的锌，并适当限制钙的水平，使钙、锌的比例维持在 100∶1。锌的需要量按猪只的性别不同而不同，小母猪对锌的需要量相对较低，为每千克饲料 30mg，而小公猪约为每千克饲料 50mg。猪对锌的需要量平均为每千克饲料 40mg，适宜补锌量为每千克饲料 100mg。

2）在日粮中添加硫酸锌，每吨饲粮添加 200g，每天一次，连续服用 10 天，可有效预防锌缺乏，脱毛严重的哺乳母猪和断奶仔猪要加倍补锌。

八　猪维生素 A 缺乏症

维生素 A 缺乏症是由于维生素 A 缺乏所引起的一种营养代谢病，临床上以生长发育不良、视觉障碍和器官黏膜损伤为特征。以仔猪及育成猪多发，常于冬末、春初青绿饲料缺乏时发生。

【病因】

(1) 原发性维生素 A 缺乏症　主要见于饲料中胡萝卜素或维生素 A 含量不足；饲料加工不当，使其氧化破坏；饲料中磷酸盐、亚硝酸盐含量过高，中性脂肪和蛋白质含量不足，影响维生素 A 在体内的转化吸收；机体由于泌乳、生长过快等原因需要量增加。

(2) 继发性维生素 A 缺乏症　主要见于慢性消化不良和肝脏疾病（引起胆汁生成减少和排泄障碍，影响维生素 A 的吸收）以及某些热性病、传染病等。哺乳仔猪维生素 A 缺乏则与母乳质量有关。

【临床症状】仔猪发病后典型症状是皮肤粗糙、皮屑增多、咳嗽、下痢、生长发育迟缓。严重病例，表现运动失调，多为步态摇摆，随后失控，最终后肢瘫痪。有的猪还表现行走僵直、脊柱前凸、痉挛和极度不安，在后期发生夜盲症、视力减弱和干眼。妊娠母猪常出现流产和死胎，所生仔猪眼睛失明或眼畸形，全身水肿，体质衰弱，易患病和死亡。公猪性欲下降或精子活力低以及排死精子。

【病理变化】无特征性变化，主要变化是胃肠道炎症和黏膜增厚。也可见心、肺、肝、肾充血。

【防治措施】

1）保证饲料中含有充足的维生素 A 或胡萝卜素及玉米黄素，消除影响维生素 A 吸收、利用的不利因素。

2）做好饲料的收割、加工、调制和保管工作，如谷物饲料储藏时间不宜过长，配合饲料要及时饲喂等。

3）发病后，可肌内注射维生素 AD 2～5mL，隔天 1 次。吃食猪可每天将 10～15L 鱼肝油拌入饲料中。尚未吃食的猪可灌服鱼肝油 2～5mL，每天 2 次。对眼部、呼吸道和消化道的炎症应对症治疗。

九 猪维生素 B_1 缺乏症

维生素 B_1 缺乏症是由于饲料中维生素 B_1 缺乏或饲料中存在干扰其吸收的物质所引起的一种营养代谢病。临床特征是食欲减退、异嗜癖和神经症状。

维生素 B_1 又叫硫胺素，它参与机体内糖代谢，对糖代谢过程中产生的丙酮酸有破坏和解毒作用，神经末梢的兴奋传导也需要维生素 B_1 参加。因此，维生素 B_1 在猪生长发育过程中，有维持神经、消化、肌肉和循环系统的正常功能，促进食欲等作用。

猪对硫胺素的缺乏比较敏感。维生素 B_1 的最小需要量是每千克饲料 0.02～0.04mg，麸皮和酵母中含量丰富。

【病因】

（1）饲料中维生素 B_1 含量不足或缺乏　由于饲料单一、调制不当或储存不当，造成饲料中维生素 B_1 的不足或缺乏，引起维生素 B_1 的缺乏。

（2）维生素 B_1 吸收障碍　肠吸收不良，由于急、慢性腹泻，均可影响小肠吸收硫胺素，如习惯饲喂米糠、麦麸的猪只，在长期腹泻后常继发维生素 B_1 缺乏症。

机体需要量增加，母猪泌乳、妊娠，仔猪生长发育，剧烈运动，慢性消耗性疾病及发热等病理过程，机体对维生素 B_1 的需要量增加，而发生相对性的供给不足或缺乏。

【临床症状】在正常情况下，猪体内有足够量的维生素 B_1 的储存，人工发病至少需要 56 天。病初断奶仔猪表现腹泻，呕吐，食欲减退，生长停滞，行走摇晃，虚弱无力，心动过缓，心肌肥大；后期体温降低，心脏搏动亢进，呼吸迫促，最终死亡。

有的病猪主要发生神经变性变化，常见多发性神经炎，表现为头向后仰，痉挛，抽搐，四肢呈游泳样症状，运动失调。有的变性变化也出现在肌肉、肠黏膜和内分泌腺，临床上出现肌肉萎缩，四肢麻痹，剧烈腹泻，急剧消瘦，有的还出现水肿现象。

【防治措施】

1）合理调配饲料，满足不同生长发育阶段猪只的需要。同时平常多喂给糠麸和酵母粉，补充饲料和猪体内维生素 B_1 的不足，防止维生素 B_1 缺乏。

2）也可以在饲料中添加猪用多种维生素添加剂，每千克饲料添加 1g，混匀长期喂给。

3）治疗。治疗时可肌内注射维生素 B_1 注射液，每次 20mg，直至痊愈。内服维生素 B_1 片，每次 20～30mg，每天 1 次，连用 10 天。也可内服或注射呋喃硫胺，用量为 10～30mg。

> ⚠ 【注意】 治疗时，维生素 B_1 用量过大，可引起外周血管扩张，心律失常，伴有窒息性惊厥的呼吸抑制，甚至因呼吸衰竭而死亡。

➕ 猪维生素 B_2 缺乏症

维生素 B_2 缺乏症是由于饲料中维生素 B_2 缺乏或饲料中存在拮抗物质而引起的一种营养代谢病。其临床特征是脱毛、异嗜癖、生长发育缓慢和视觉障碍。

维生素 B_2 又称核黄素，是生物体内黄酶的辅酶，黄酶在生物氧化过程中起着递氢体的作用，参加细胞呼吸的各种生理氧化过程。核黄素参加视觉反应，促进生长发育，保护皮肤健康。具有抗皮肤炎症和口炎的作用。

维生素 B_2 广泛存在于糠麸、酵母、西红柿、甘蓝中，也存在于肾脏、肝脏、脑组织、卵黄和乳汁中，每 100kg 体重的猪需要维生

素 B_2 的量为 2.5 ~ 8.5mg。

【病因】配合饲料中含维生素 B_2 不足或存在颉颃物质，或平常饲喂的糠麸、酵母等较少，使猪体内缺乏维生素 B_2。据介绍，当饲料中蛋白质缺乏时，维生素 B_2 的吸收量减少或不能被吸收，糖过多时，则吸收也减少，而脂肪过多时，维生素 B_2 的吸收也减少。当脂肪过多时，维生素 B_2 的需要量也增加。

在某些疾病条件下，猪对维生素 B_2 的吸收减少或需要增多。在寒冷的环境中或患有慢性疾病时，机体对维生素 B_2 的吸收也减少。在寒冷的环境中或患有慢性消耗性疾病时，机体对维生素 B_2 的需要量增加。

【临床症状】维生素 B_2 缺乏时，猪在生长阶段出现发育停滞，脱毛，一般出现在脊背、眼周围、耳边和胸部，食欲减退，腹泻，溃疡性结肠炎，肛门黏膜炎，呕吐。结膜和角膜发炎，腿弯曲强直，皮肤增厚，有的出现皮疹、鳞屑和溃疡，肌肉无力，贫血、半麻痹，体温下降，呼吸、心跳减慢，对光敏感，晶状体浑浊，后备母猪在繁殖和泌乳期食欲不振或废绝，体重减轻，早产，死产，新生仔猪衰弱，死亡，有的仔猪无毛。

【防治措施】

1）猪的配合饲料中配给足量的蛋白质、糖和维生素 B_2，同时注意喂给糠麸、酵母等，预防维生素 B_2 的缺乏。猪用多种维生素添加剂，在每千克饲料中添加 1g，补充维生素 B_2，防止本病的发生。

2）治疗时可肌内注射维生素 B_2 注射液，每次 20 ~ 30mg，每天一次，连续应用 10 天，也可口服维生素 B_2 制剂。肌内注射或口服复合维生素 B 制剂。

十一 猪维生素 D 缺乏症

维生素 D 缺乏症是由于饲料中维生素 D 缺乏、吸收障碍所引起的钙、磷代谢障碍，致使骨组织钙化不全的一种营养代谢病。临床特征是生长发育缓慢，骨骼变形，异嗜癖。

维生素 D 主要来源于饲料和体内合成。维生素 D 能够促进钙、磷在小肠内的吸收，促进肾小管对钙、磷的重吸收，维持钙、磷在动物体内的比例平衡，并能使钙、磷在骨骼内沉着，加速骨骼钙化，保持骨骼发育正常。

青干草含维生素 D 最丰富。青干草的麦角固醇和猪皮下胆固醇，经阳光照射后可转变为维生素 D，一般来说，只要猪只有充足阳光照射，就不易发生维生素 D 缺乏症。

【病因】临床上维生素 D 缺乏的原因主要为饲料中维生素 D 缺乏，配合饲料中配给的维生素 D 不足。阳光照射不足，猪只受阳光照射的时间不足，皮下胆固醇不能转化为维生素 D，这些因素均可造成维生素 D 缺乏。

机体吸收障碍，猪只患有胃肠道疾病，虽然饲料中含有丰富的维生素 D，但胃肠道不能吸收，这也是造成维生素 D 缺乏的重要原因；肝肾的病变影响维生素 D 原转变为有生物活性的维生素 D，所以即使补充足够的维生素 D，但由于肝肾的疾患也可造成维生素 D 缺乏。

【临床症状及病理变化】病初生长发育迟缓，四肢软弱无力，步样紧张，不愿站立，喜欢卧地，起立缓慢，跛行，严重时站不起来，勉强站立，四肢颤抖，表现疼痛。头部变形，四肢骨和脊柱弯曲，关节肿大，肋骨和肋软骨结合处呈串珠样，肋骨和脊柱骨易骨折，有的出现两前肢跪行。咀嚼无力，不愿吃粗硬饲料，消化不良，病猪营养不良，被毛粗乱无光。血钙严重降低时，出现抽搐。成年猪发生骨软化症。

【防治措施】

（1）预防 在配合饲料中配给足够量的维生素 D，尤其是母猪、妊娠母猪和仔猪等更要充足些。有条件的猪场夏季要多喂青绿饲料，冬季多添加维生素 D 或尽量多晒太阳，可预防本病的发生。

（2）治疗

① 维生素 D 注射液：肌内注射 2～4mL，连用 7～10 天。

② 维生素 AD 注射液：肌内注射 2～4mL，连用 7～10 天。

③ 维丁胶性钙注射液：肌内注射 2～10mL，连用 7～10 天。

——第八章——
猪中毒性疾病的诊治

一 猪亚硝酸盐中毒

【病因】青菜类饲料（如白菜、卷心菜、萝卜叶、甜菜叶、野生青菜等）均含有一定量的硝酸盐和少量的亚硝酸盐，当长期堆积发生腐烂，或用火焖煮且长久焖在锅内储存时，其中的硝酸盐大量转为有毒性的亚硝酸盐，这些亚硝酸盐被猪吃食进入体内后，猪血液中氧合血红蛋白转变成高铁血蛋白，失去携氧能力，导致全身组织器官缺氧、呼吸中枢麻痹而死亡。

【临床症状】患猪表现为食后 10 ~ 30min 突然发病，狂躁不安，有疼痛感，呕吐流涎，呼吸困难，心跳加快，走路摇摆乱撞、转圈。皮肤、耳尖、嘴唇及鼻盘等部位开始苍白，后变为青紫色，四肢及耳发凉，体温下降，倒地痉挛，口吐白沫，如果不及时抢救，很快死亡。中毒轻者也可逐渐恢复。

【病理变化】血液呈酱油色，凝固不良，胃内充满食物，胃肠黏膜呈现不同程度的充血、出血，肝、肾呈乌紫色，肺充血，气管和支气管黏膜充血、出血，管腔中充满带红色的泡沫状液体，心外膜、心肌有出血斑点。严重病例，胃黏膜脱落或溃疡。

【鉴别诊断】

（1）猪亚硝酸盐中毒与猪氢氰酸中毒的鉴别 二者均有食后不久发病，呕吐，流涎，腹痛，呼吸困难，惊厥，痉挛，皮肤和可视黏膜先发绀后变苍白等临床症状。但二者的区别在于：猪氢氰酸中毒是因病前所采食木薯，高粱，玉米嫩苗，亚麻子或桃、李、杏、梅的果仁和叶而发病；患猪牙关紧闭，眼球转动或突出，头常歪向一侧；剖检可见血液鲜红、凝固不良，胃内容物有杏仁味，取被检材料 5～10g 加适量水调成糊状，加 10% 硫酸呈酸性，瓶口加盖滤纸，并先在滤纸中心滴 2 滴 20% 硫酸亚铁及 2 滴 10% 氢氧化钠，小心缓慢加热，数分钟后气体上升，再在滤纸上加 10% 盐酸，若被检材料有氰化物存在则滤纸中心呈蓝色，阴性反应滤纸中心呈黄色。

(2) 猪亚硝酸盐中毒与猪毒芹中毒的鉴别 二者均有采食后发病不安，流涎，呕吐，抽搐，呼吸迫促，卧地不起等临床症状。但二者的区别在于：猪毒芹中毒是因采食毒芹而发病；患猪病初兴奋不安，常呈右侧横卧的麻痹状态，若使左侧卧则高声尖叫，恢复右侧卧则安静，血液稀薄发暗；取胃内容物或脑、实质脏器捣碎经提取处理后的残渣溶于少量水中，置载玻片上加盐酸 2 滴，蒸干即残留盐酸毒芹碱的结晶（镜检为无色或浅黄色针状或柱状结晶，并有折光性虹彩）；残渣加 0.5% 高锰酸钾的浓硫酸溶液呈紫色。

(3) 猪亚硝酸盐中毒与猪有机氟化物中毒的鉴别 二者均有呕吐，全身震颤，四肢抽搐，尖叫，瞳孔散大，昏迷，剖检血液凝固不良，胃黏膜充血脱落，气管有泡沫等临床症状和病理变化。但二者的区别在于：猪有机氟化物中毒是因吃被有机氟化物污染的饲料、饮水而发病；患猪病初惊恐、尖叫，向前直冲，不避障碍，角弓反张，出现缓和后又会重新发病；用羟肟酸反应法检验，如有氟乙酰胺呈现红色。

【防治措施】

1）饲料必须清洁、新鲜，堆放在通风的地方，经常翻动，不使其霉烂。

2）不用发热霉烂的菜叶等喂猪，青饲料要鲜喂，切忌蒸煮加盖焖熟。

3）如果发病，尽快剪耳断尾放血，静脉注射或肌内注射 1% 的美蓝溶液，每千克体重 1mg。口服或注射大剂量维生素 C，静脉注射葡萄糖溶液。心脏衰弱的可注射樟脑咖啡因。

二 猪氢氰酸中毒

【病因】 高粱和玉米幼苗、亚麻叶、亚麻饼、桃、李、杏仁等均含有大量氰甙类物质，猪吃了含有大量氰甙类物质的饲料后，在体内经酶水解作用，使这些氰甙类物质转化为剧毒的氢氰酸，使猪中毒。

【临床症状】患猪表现为饱食后突然发病，呼吸困难，张嘴伸颈，瞳孔放大，流涎；腹部疼痛，起卧不安，有时呈坐势，有时旋转，呕吐；黏膜和皮肤青紫色，后期呈苍白色；四肢及耳发凉，剪耳和尾不流血或只流出少量血；最后昏迷、肌肉痉挛、窒息而死。中毒轻的可自然耐过。

【病理变化】尸体不易腐败，血液鲜红色、凝固不良。胃内充满气体，含有未消化的饲料，并有氰氢酸的特殊臭味。胃肠黏膜和浆膜出血，肺水肿或充血。

【防治措施】

1）用含有氰甙类物质的饲料喂猪时要限量，特别是再生的高粱、玉米等幼苗。

2）如果发病，可先应用1%硫酸铜50mL或吐根酊1～5mL，催吐后再用0.1%高锰酸钾溶液反复洗胃；静脉注射10%～20%硫代硫酸钠30～50mL及5%维生素C 2～10mL；1%美蓝溶液，每千克体重1mL，静脉注射。

三 猪菜籽饼中毒

【病因】菜籽饼是一种蛋白质饲料，但菜籽饼中含有芥子苷、苷子酸钾、苷子酶和苷子碱等成分，特别是其中的芥子苷在芥子酶作用下，可水解形成异硫酸丙烯酯或丙烯基芥子油等有毒成分。若不经处理，长期或大量饲喂可引起中毒。

【临床症状】患猪表现为腹痛，腹泻，粪便带血，食欲减退或废绝，口吐白沫，有时出现呕吐现象，排尿次数增多，有时尿中有血；呼吸困难，咳嗽，鼻腔中流出泡沫样液体，结膜发绀。严重中毒时，精神极度沉郁，四肢无力，站立不稳，体温下降，耳尖和四肢末端发凉，瞳孔放大，心脏衰弱，最后虚脱而死。

【病理变化】肠黏膜充血或点状出血，胃内有少量凝血块，肾出血，肝混浊肿胀。心内外膜有点状出血。肺水肿、气肿。血液如漆样，凝固不良。

【鉴别诊断】

(1) 猪菜籽饼中毒与猪酒糟中毒的鉴别 二者均有体温初高（39～41℃），后降，食欲废绝，步态不稳，腹痛、腹泻，呼吸、心跳加快，有时尿红，胃肠黏膜充血、出血，肾肿大苍白、肝肿大、边缘钝圆等临床症状和病理变化。但二者的区别在于：猪酒糟中毒是因饲喂酒糟而发病，病初兴奋不安，便秘，卧地不起，四肢麻痹，昏迷；剖检可见咽喉黏膜轻度炎症，食道黏膜充血；胃内有酒糟，呈土褐色，有酒味，胃肠黏膜有充血、出血点（无浅溃疡），肠管有微量血块，直肠肿胀，黏膜脱落。脑和脑膜充血，切面脑实质有指头大出血区。

(2) 猪菜籽饼中毒与猪棉籽饼中毒的鉴别 二者均有精神沉郁，拱腰，后肢软弱，走路摇晃，心跳、呼吸加快，粪先干后下痢、带血等临床症状。但二者的区别在于：猪棉籽饼中毒是因饲喂未经去毒的超过占日粮10%的棉籽饼而发病；患猪鼻流水样鼻液，咳嗽，有眼眵，胸腹下水肿，嘴、尾根皮肤发绀，有丹毒样疹块，血检红细胞减少；剖检可见肾脂肪变性，实质，有出血点，膀胱充满尿液，肾盂脂肪肿大、有结石，脾萎缩，肝充血、肿大、变色，其中有许多空泡和泡沫状间隙。

(3) 猪菜籽饼中毒与猪棘头虫病（钩头虫病）**的鉴别** 二者均有食欲减退，腹痛、腹泻，粪中带血，卧地不起等临床症状。但二者的区别在于：猪棘头虫病的病原是巨吻棘头虫；患猪没有饲喂棉籽饼史，发育迟滞，消瘦，贫血，如果虫体穿透肠壁，体温升至41℃；粪检有虫卵，剖检虫体乳白色，有横纹，较长（雄虫体长为7～15cm，雌虫体长为30～68cm）。

【防治措施】

1）菜籽饼喂猪要限制用量，一般应占饲粮含量的5%以下。

2）配合猪的饲粮时，不要单独使用菜籽饼，应与其他类蛋白质饲料进行搭配。

3）要进行脱毒处理。

①坑埋脱毒法：选择向阳、干燥、地温较高的地方挖一个约1m³的土坑（按菜籽饼的数量决定坑的大小）。将菜籽饼用一定数量

的水（1：1水量效果最好）浸透泡软后埋入坑内，顶部和底部盖一薄层麦草，盖土20cm，2个月取出使用，平均脱毒率为85%左右。

②发酵中和法：在发酵池或缸中放入清洁的40℃温水，然后将碎菜籽饼投入发酵。饼与水的比例为1：（3.5~4），温度以38~40℃为宜，每隔2h搅拌一次，经16h左右，pH达3.8后，继续发酵6~8h，充分滤去发酵水，再加清水至原有量，搅拌均匀，后加碱中和。中和时，碱液浓度要适宜。在不断搅拌下，分次喷入，中和到pH保持7~8不再下降为止。沉淀2h，滤去废液，湿饼即可作饲料。如果长期保存，还须进行干燥处理。本法去毒效果可达90%以上。

4）若发现菜籽饼中毒，必须立即停喂菜籽饼，改喂其他蛋白质饲料。治疗时用0.5%~1%鞣酸洗胃，内服蛋清、牛奶、豆浆等，肌内注射10%安钠咖5~10mL。

四 猪棉籽饼中毒

【病因】棉籽饼富含蛋白质，但同时也含有毒物质——棉籽毒素（已知有游离棉酚、棉酚紫、棉酚绿等）。棉籽毒素在畜体内排泄缓慢，有蓄积作用，一次大量喂给或长期饲喂时均可能引起中毒。妊娠母猪和仔猪对棉籽毒素特别敏感，哺乳母猪喂了大量未经处理的棉籽饼，不仅易引起哺乳母猪中毒，而且通过乳汁易引起仔猪中毒。

【临床症状】中毒较轻的患猪仅见食欲减退，下痢。重症患猪精神沉郁，食欲减退或废绝，粪便黑褐色，先便秘后腹泻，混有黏液和血液；皮肤颜色发绀，尤以耳尖、尾部明显；后肢软弱无力，走路摇晃，发抖；心跳、呼吸加快，鼻内有分泌物流出，结膜暗红，有黏性分泌物；肾炎，尿血。血红蛋白和红细胞减少，出现维生素A缺乏症，眼炎，夜盲症或双目失明，妊娠母猪发生流产。

【病理变化】胃肠黏膜有卡他性或出血性炎症，肝充血肿大，肺充血水肿，肾肿大、出血，胸腹腔有红色透明的渗出液，全身淋巴结肿大。

【防治措施】

1）用棉籽饼喂猪时，应限制每日喂量。成年猪饲粮中不超过5%，母猪每天不超过250g。妊娠母猪产前半个月停喂，产后半个月

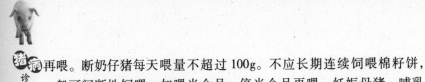

再喂。断奶仔猪每天喂量不超过 100g。不应长期连续饲喂棉籽饼，一般可间断性饲喂，如喂半个月，停半个月再喂。妊娠母猪、哺乳母猪及仔猪最好不喂给棉籽饼。

2）加热减毒。榨油时最好能经过炒、蒸的过程，使游离的棉酚变为结合棉酚，以减轻棉酚的毒性。

3）加铁去毒。据报道，用 0.1% 或 0.2% 的硫酸亚铁溶液浸泡棉籽，棉酚的破坏率可达到 81.81%。

4）若发现因棉籽饼中毒的情况，必须立即停喂棉籽饼，改换其他饲料。治疗时，可用 5% 碳酸氢钠水洗胃或灌肠；胃肠炎不严重时，可内服盐类泻剂，如内服硫酸钠或硫酸镁 25～50g；胃肠炎严重时，使用消炎剂、收敛剂，如内服磺胺脒 5～10g、鞣酸蛋白 2～5g；用安钠咖 5～10mL，皮下或肌内注射；用 5% 葡萄糖盐水注射液 300～500mL，静脉或腹腔注射。

五 猪马铃薯中毒

【病因】马铃薯的幼嫩茎、叶、外皮及幼芽中均有毒素（龙葵素），并在绿色部分还含有硝酸盐类，能形成亚硝酸盐，若猪食入过量，即可引起中毒。

【临床症状】患猪轻度中毒时，有下痢、口腔黏膜炎、皮疹等症状，严重中毒时四脚无力，步态摇摆或倒地，肌肉痉挛，流涎，呕吐，体温正常或稍低，母猪发生流产，通常在 1～2 天内死亡。

【病理变化】胃肠黏膜潮红、出血，腹腔内有暗红色的腹水。肝肿大，呈暗黄色。胆囊肿大，肾肿胀、质软，肺、脾有肿大。

【防治措施】

1）用马铃薯喂猪时，用量不宜过多，应与其他饲料搭配，最好与其他青饲料混合青贮后再喂。

2）发芽马铃薯应除去幼芽再喂，若带芽喂，必须经高温煮熟后，将水撇去再喂。

3）若发现马铃薯中毒，必须立即停喂马铃薯。治疗时先用催吐剂如 1% 硫酸铜 20～50mL 灌服，再用盐类泻剂或液状石蜡，另外配合补糖、补液。出现神经症状可用 2.5% 盐酸氯丙嗪 1～2mL，肌内注射。

六 猪病甘薯中毒

甘薯的黑斑病、软腐病、丝虫病都能引起猪中毒。黑斑病的有毒成分是翁家酮与甘薯酮。由这3种甘薯病所引起的猪中毒症状均相同。

【病因】 猪吃了3种病甘薯而引起中毒，本病多发在春末夏初甘薯出窖时，人们往往把选剩下来的甘薯喂猪，也有的是由将病甘薯制粉的粉渣或晒成的干片喂猪而引起的。

【临床症状】 仔猪易发病，而且症状严重。一般在喂后第二天发病，可见较多猪同时发病。病猪拒食，腹部膨大，便秘或下痢，呼吸困难，有很响的喘气声，脉搏不匀，发生阵发性痉挛，运动障碍，步态不稳。此时停止喂病甘薯，病轻猪约一周后逐渐恢复，但病重猪则出现明显的神经症状，头抵墙，盲目行走，往往倒地抽搐而死亡。

【病理变化】 肺脏膨起，有水肿，并可见间质性气肿，肺叶上有块状出血，肺脏质脆，切开后流出大量血水及泡沫。支气管内有白色液体，心脏的冠状脂肪上有出血点。胃肠道有出血性炎症。

【防治措施】

1）防止甘薯黑斑病的传染，可用50℃温水浸泡10min及温床育苗。地窖应干燥、密封，温度保持在11～15℃。甘薯尽量不要损伤表皮。

2）病甘薯应集中处理，不要乱扔，免得猪只误食。不准将病甘薯喂猪。

3）治疗。

① 3%过氧化氢（未打开过）10～30mL，3倍以上的5%葡萄糖生理盐水溶液混合后，缓慢地静脉注射。

② 用5%～10%硫代硫酸钠注射液20～50mL，静脉注射。

七 猪酒糟中毒

【病因】 酒糟是养猪的常用饲料，但酒糟中含有酒精，而且保存过久易发酵腐败产生多种有毒的游离酸和杂醇油，若长期饲喂或一次饲喂过量均可能引起中毒。

【临床症状】 患猪慢性中毒时，主要表现出消化不良、皮炎、血

尿等症状，妊娠母猪多有流产。急性中毒时，主要表现兴奋不安，黏膜潮红，气喘，心跳加快，行走摇摆不稳，逐渐失去知觉，常有皮疹，最后体温下降，虚脱而死。

【病理变化】肺水肿、充血，胃肠黏膜充血，肝脏肿胀、质脆。

【鉴别诊断】

(1) 猪酒糟中毒与猪钩端螺旋体病的鉴别 二者均有体温升高（40℃），黏膜黄，尿血，食欲减退，孕猪流产等临床症状。但二者的区别在于：猪钩端螺旋体病的病原是钩端螺旋体，具有传染性；患猪皮肤干燥发痒，有的上下颌、颈部甚至全身水肿；进入猪圈即感到腥臭味；剖检可见皮肤、皮下组织黄疸，膀胱黏膜有出血，并积有血红蛋白尿，肾肿大瘀血，慢性间质有散在灰白色病灶；用血或尿经 1500r/min 离心 5min 或用脏器做悬液，再离心涂片镜检，可见钩端螺旋体呈细长弯曲状，可活泼地进行旋转而呈 "8" "J" "C" "S" "O" 状。

(2) 猪酒糟中毒与猪胃肠炎的鉴别 二者均有体温升高（40℃左右），食欲减少或废绝，呼吸迫促，腹泻，严重时失禁等临床症状。但二者的区别在于：胃肠炎患猪没有饲喂酒糟史，炎症以胃为主时有呕吐，以肠为主时肠音亢进，后急里重，粪内含有未消化食物、有恶臭或腥臭；剖检胃内无酒糟和酒气。

(3) 猪酒糟中毒与猪棉籽饼中毒的鉴别 二者均有体温升高（40℃左右），走路不稳，下痢，尿血，呼吸迫促，肌肉震颤，腹下水肿等临床症状。但二者的区别在于：猪棉籽饼中毒是因吃棉籽饼或棉叶而发病；表现为精神沉郁，低头拱腰，后肢软弱，有眼眵，流鼻液，咳嗽，有的胸腹下皮肤发生丹毒样疹块，潮红色；剖检可见肝充血、肿大变色，其中有许多空泡和泡沫，脾萎缩，胸腹腔有红色渗出液。

【防治措施】

1）必须用新鲜酒糟喂猪，并且要限量，最好和青饲料搭配混喂，新鲜酒糟在饲粮中所占的比例宜为 20%～30% 以内，干酒糟占 10% 左右。

2）妊娠母猪、泌乳母猪和种公猪最好不喂酒糟，以防流产、死胎、弱胎及精子畸形等。

3）发现酒糟中毒后要立即停止饲喂。治疗时，用5%碳酸氢钠溶液300～500mL内服；用5%碳酸钠注射液70～90mL，静脉注射；对兴奋不安的患猪，可肌内注射盐酸氯丙嗪注射液，剂量为每千克体重2mg。

八 猪霉败饲料中毒

【病因】饲料保管和储存不善，如淋雨、水泡、潮湿、加工调制不当等，给霉菌和腐败菌创造了生长繁殖条件，使饲料发霉、腐败变质，产生大量有毒物质，如蛋白质的分解产物和细菌毒素（黄曲霉素、赤霉菌毒素、棕曲霉毒素、黄绿青霉素等）等。当猪采食霉败变质饲料后，很快就会引起急性中毒。若长期少量饲喂这种饲料，也会引起慢性中毒。

【临床症状】猪中毒后，初期表现为精神不振，食欲减退，结膜潮红，鼻镜干燥，磨牙，流涎，有时发生呕吐；便秘，排便干而少，后肢步态不稳。病情继续发展，食欲废绝，吞咽困难，腹痛拉稀，粪便腥臭，常带有黏液和血液。最后病情发展更严重时，病猪卧地不起，失去知觉，呈昏迷状态，心跳加快，呼吸困难，全身痉挛，腹下皮肤出现红紫斑。病初体温升高到40～41℃，病后期体温下降。慢性中毒时，表现为食欲减退，消化不良，猪体日益消瘦。妊娠母猪常引起流产，哺乳母猪的乳汁减少或无乳。

【病理变化】胃黏膜发红有出血斑，胃壁肿胀，肠系膜呈姜黄色。心外膜有出血点，心内膜有多量出血。膀胱黏膜充血或出血，肺有不同程度水肿，肝肿大呈黄色。

【鉴别诊断】

（1）猪霉败饲料中毒与猪传染性脑脊髓炎的鉴别 二者均有废食，后躯软弱，步态失调，肌肉震颤等临床症状。但二者的区别在于：猪传染性脑脊髓炎的病原是猪传染性脑脊髓炎病毒，具有传染性；患猪没有饲喂发霉饲料史，四肢僵硬，前肢前移，后肢后移，不能站立，常易跌倒，有剧烈的阵发性痉挛，受刺激时能引起角弓反张，声响也能引起大声尖叫，惊厥期持续24～36h；剖检可见脑膜水肿，脑及脑膜血管充血，心肌、骨骼肌萎缩。取病料制成悬液，

通过猪肾细胞培养，观察细胞病变，并恢复猪有致病性。

(2) 猪霉败饲料中毒与猪钩端螺旋体病的鉴别　二者均有精神不振，食欲减退，粪干，皮肤发红、发痒，结膜泛黄等临床症状。但二者的区别在于：猪钩端螺旋体病的病原是钩端螺旋体，具有传染性；患猪皮肤干燥发痒，有的上下颌、颈部甚至全身水肿；进入猪圈即感到腥臭味；剖检可见皮肤、皮下组织黄疸，膀胱黏膜有出血，并积有血红蛋白尿，肾肿大瘀血，慢性间质有散在灰白色病灶；用血或尿经 1500r/min 离心 5min 或用脏器做悬液，再离心涂片镜检，可见钩端螺旋体呈细长弯曲状，可活泼地进行旋转而呈 "8" "J" "C" "S" "O" 状。

【防治措施】

(1) 预防　要禁止用霉败变质饲料喂猪，若饲料发霉较轻而没有腐败变质，经曝晒、加热处理等，可以限量喂给。

(2) 治疗　发现中毒后，要立即停喂霉败饲料，改喂其他饲料，尤其是多喂些青绿多汁饲料。治疗时可采取排毒、强心补液，对症治疗胃肠炎等措施，如用硫酸钠或硫酸镁 30 ~ 50g，一次加水内服；用 10% ~ 25% 葡萄糖溶液 200 ~ 400mL、维生素 C 10 ~ 20mL、10% 安钠咖 5 ~ 10mL，混合一次静脉或腹腔注射；磺胺脒 1 ~ 5g，加水内服，每天 2 次。

九　猪食盐中毒

【病因】食盐是猪体不可缺少的营养物质，适量的食盐能增进食欲，促进生长，但过量喂给可引起中毒，甚至造成死亡。食盐中毒主要是由于突然喂了大量食盐，或大量饲喂含盐量很大的酱油渣、咸鱼粉、盐淹物质、咸菜水等，加之饮水不足而造成的。猪对食盐比较敏感，尤其是仔猪更敏感，食盐对猪的中毒致死量为 125 ~ 250g，平均每千克体重 3.7g。如果猪每天按每千克体重摄取 2g 食盐，在限制饮水条件下，2 天后就会出现中毒症状。

【临床症状】患猪表现为精神不振，食欲减退或废绝，流涎，呕吐，极度口渴，结膜潮红，腹痛，便秘或下痢，便中带血；神经机能紊乱，前冲后退，有时转圈，呼吸困难，瞳孔放大，结膜潮红，抽搐，心脏衰弱，卧地不起，最后昏迷而死亡。

【病理变化】尸僵不全，血液凝固不全，胃黏膜充血、出血，有的出现溃疡。肝肿大、瘀血，胆囊肿大，胆汁浅黄色。脑脊髓呈现不同程度充血、水肿，急性病例的脑膜和大脑实质（特别是皮质）最为明显。

【鉴别诊断】

（1）猪食盐中毒与猪癫痫病的鉴别　二者均有突然发作，口吐白沫，卧地痉挛，经一间歇时间再度发作等临床症状。但二者的区别在于：癫痫患猪不是因为采食含盐多的食物而发病，发作结束后即恢复正常，略显疲惫。

（2）猪食盐中毒与猪脑震荡的鉴别　二者均有倒地昏迷，口吐白沫，四肢做游泳状等临床症状。但二者的区别在于：脑震荡患猪是因跌撞或受打击而发病，不是因为吃含盐多的食物而发病，发作结束后有一段清醒时间、不出现其他中毒症状。

（3）猪食盐中毒与猪传染性脑脊髓炎的鉴别　二者均有体温升高（40～41℃），盲目行走，不断咀嚼、阵发痉挛，向前冲或转圈及角弓反张等临床症状。但二者的区别在于：猪传染性脑脊髓炎的病原是猪传染性脑脊髓炎病毒，具有传染性；患猪没有采食含盐量多的食物，出现前肢前移，后肢后移，四肢僵硬，声响刺激能激起大声尖叫；用病猪脑脊髓制成悬液接种易感小猪可出现特征性症状和中枢神经系统特征性典型病变。

（4）猪食盐中毒与猪流行性乙型脑炎的鉴别　二者均有体温升高（40～41℃），食欲不振，呕吐，眼潮红，昏睡，粪便干燥，心跳快，后躯麻痹等临床症状。但二者的区别在于：猪流行性乙型脑炎的病原是猪流行性乙型脑炎病毒，具有传染性；患猪没有采食含盐量多的食物，不发生神经兴奋（抽搐、前冲、奔跑、转圈、角弓反张、癫痫发作等），发病有季节性（7～8月），母猪流产，公猪发生睾丸炎。

（5）猪食盐中毒与猪土霉素中毒的鉴别　二者均有肌肉震颤，黏膜潮红，兴奋不安，口吐白沫，瞳孔散大等临床症状。但二者的区别在于：猪土霉素中毒是因过量注射土霉素而发病，一般注射土霉素几分钟后即出现症状；患病猪反射消失，站立不稳，张口呼吸，呈腹式呼吸。

【防治措施】

（1）**预防**　要严格掌握每头猪每天的食盐喂量，大猪15g，中猪10g，小猪5g左右。利用酱油渣、鱼粉等含食盐较多的饲料喂猪时，应与其他饲料合理搭配，一般不能超过饲料总量的10%，并注意每天随时饮足量的水。

（2）**治疗**　发现猪食盐中毒后，就立即停喂含盐过多的饲料。这时病猪表现极度口渴，可供给大量清水或糖水，促进排盐和解毒；利用硫酸钠30～50g或油类泻剂100～200mL，加水一次内服；用10%安钠咖5～10mL、0.5%樟脑水10～20mL，皮下或肌内注射，以强心利尿排毒。

第九章
猪其他普通病的诊治

一 口炎

口炎又名口疮，是舌炎和齿龈炎等口腔黏膜炎症的统称。口炎类型较多，以卡他性、水疱性和溃疡性口炎多见，卡他性口炎最常发生。各型口炎均以流涎、厌食或拒食为特征。

【病因】由于粗硬饲料与尖锐异物损伤口腔黏膜而致发炎；喂了过热的饲料和饮水，或猪食用了霉烂的饲料；误吃了有腐蚀性的强酸、强碱药物刺激口腔黏膜而致发炎；某些传染病，如猪丹毒、口蹄疫、猪水疱病等，均有口炎症状。

【临床症状】病猪口腔黏膜发红，唇内、舌下、舌边缘、齿龈有水疱，溃烂，流出带红色的黏液。猪吃食缓慢或不敢吃食。若猪是由患猪丹毒、口蹄疫、猪水疱病等传染病引起的口炎，常伴有体温升高。

【防治措施】

1）给予易消化的稀软饲料，如疑似某种传染病时，应迅速隔离，寻找病因，对症治疗。

2）选用2%食盐液、2%～3%硼酸液、0.1%高锰酸钾液、2%～3%碳酸氢钠液冲洗口腔。

3）如果口腔溃烂时，在冲洗之后，用碘甘油溶液（碘5%、碘化钾10%、甘油20%、蒸馏水65%）或10%磺胺甘油乳剂涂抹患处，每天涂抹2次。

4）青霉素80万单位、磺胺粉5g、蜂蜜适量，制成软膏状，涂患部，每天2次。

5）胆矾、黄连、黄檗、儿茶各3份，共研细末，取少许（1～3g）吹入病猪口腔内，每天吹入3次。吹药前，先冲洗病猪口腔。

二 胃肠炎

猪的胃肠炎，是指胃肠黏膜及其深层组织的炎症变化。

【病因】 原发性胃肠炎的引发原因有突然更换饲料，在寒冷季节原来喂温食，而突然改喂凉食；饲料不洁或粗纤维过多；吃食过饱；饲料变质等。继发性的因素很多，如寄生虫病、一些传染病、饲料中毒、代谢性疾病、外科病等。

【临床症状】 突然出现剧烈而持续性的腹泻，排出物呈水样，有时带有伪膜、血液或脓性物，味恶臭。食欲减退或废绝，渴感严重，并伴有呕吐，有时呕吐物中带有血液或胆汁。精神沉郁，喜卧，间或发生急性腹痛而表现不安。体温通常升高至40～41℃。耳尖及四肢末梢有冷感，鼻盘干燥，可视黏膜发红，呼吸加快，皮温不均。重症时，肛门失禁，呈里急后重现象。随着病性的发展，患猪眼窝下陷，呈失水状。四肢无力，最后起立困难，呼吸、心跳加快而微弱，肌肉震颤，体温下降，随后全身衰竭而死。病情重者1～3天死亡，较轻者可延至1周左右。

由中毒引起的胃肠炎，体温往往正常，有腹痛症状而不一定发生腹泻，严重者食欲消失，随后四肢无力，经1～3天全身痉挛而死。

【防治措施】

（1）预防 加强饲养管理，防止喂给有毒食物及腐败发霉饲料，注意饮水清洁，定期做好肠道寄生虫的驱虫工作，在冬季应做好棚舍通风保温工作，以防感冒。

（2）治疗 一旦发生胃肠炎要及时进行治疗。抑菌消炎是根本，可用小檗碱、庆大霉素等口服。用人工盐、液状石蜡等缓泻，用木炭末或硅碳银片等止泻。脱水、自体中毒、心力衰竭等是急性胃肠炎的直接致死因素。因此，施行补液、解毒、强心是抢救危重胃肠炎的三项关键措施，输注5%葡萄糖生理盐水、复方氯化钠和碳酸氢钠（后二者不能混用）是较常用的方法。应用口服补液盐放在饮水中让病猪足量饮用也有较好效果。若有腹痛不安或呕吐表现时，内服颠茄或复方颠茄片。必要时可肌内注射阿托品。

三 腹膜炎

【病因】本病是腹腔浆膜发炎，由腹壁创伤、细菌经伤口感染而引起；母猪去势、手术疝气剖腹手术等感染，是本病发生的主要原因。严重的肠炎、便秘或子宫炎等病的蔓延以及寄生虫的侵袭，使肠壁失去正常的屏障作用，肠内细菌经肠壁侵入腹腔，也可导致发生腹膜炎。

【临床症状】本病从病程上看，可分为急性与慢性；从损害范围来说，可分为局限性与弥漫性；从病理变化上来分，有浆液性、纤维性、化脓性之分。

急性型腹膜炎有明显的全身症状，如发热、心跳加快、明显的胸式呼吸。病猪有痛苦感，低头喜卧，口渴，腹围下垂。急性弥漫性腹膜炎，在一天之内就可死亡。

慢性型腹膜炎，多见于局限性，一般无明显的全身症状，腹壁局部有硬块，生长迟缓，病程相当长，可拖几个月，有的待肥育后宰杀，从酮体中才发现；有个别慢性弥漫性腹膜炎，若用抗生素治疗，也能拖延 1 个月有余。

【防治措施】

1）在进行腹腔手术及助产过程中应注意消毒卫生工作，以防止病菌的感染。

2）加强防疫和饲养管理工作，以增强猪体抗病力。

3）经常做好饮水与饲料的清洁卫生工作，以防止寄生虫的侵袭。

4）治疗。局限性腹膜炎可应用青霉素、链霉素或磺胺类药物。若腹内有多量渗出液，应及时穿刺放液，再反复用生理盐水冲洗，直至洗出液变清为止，然后注入青霉素或链霉素。

四 感冒

感冒是由于寒冷刺激所引起的，以上呼吸道黏膜炎症为主的急性全身性疾病，以发寒、发热、鼻塞、流涕、咳嗽为特征。

【病因】气候骤变，管理不当，棚舍寒暖不调，过于拥挤，长途运输等使猪体质下降，或机体对环境的适应性降低，特别是呼吸道黏膜防御机能减退，致使呼吸道内的常在菌得以大量繁殖而引起发病。

【临床症状】患猪精神沉郁，畏寒怕冷，喜睡，食欲减退，鼻盘干燥，耳尖、四肢末梢发冷，呼吸加快，咳嗽，打喷嚏，鼻流清涕，体温升高至40℃以上。重症病例，躺卧不起，食欲废绝。

【防治措施】

1）加强饲养管理，增强猪体的抵抗力。

2）防止猪只突然受寒，避免将其置于潮湿阴冷的地方，特别是在猪大出汗后防止雨淋。

3）在气候多变季节，如早春和晚秋，气候骤变时，应积极采取有效的防寒保温措施。

4）治疗。主要是解热镇痛，去风散寒，防止继发感染。

① 解热镇痛：用30%安乃近注射液或安定（地西泮）5～10mL肌内注射，或内服阿司匹林或氯基比林2～5g/次，每天2次。

② 去风散寒：柴胡注射液，肌内注射，每次5mL，每天2次；紫菊注射液，肌内注射，每次10～20mL，每天1～2次。

③ 防止继发感染：应用解热镇痛剂后，症状未减轻时，可适当配合应用抗生素类或磺胺类药物，如青霉素、链霉素、复方新诺明等。

五　支气管炎

【病因】饲养管理不良是引发本病的主要原因之一，如猪舍狭窄、低温、猪群拥挤或因某些有害气体所引起。有时继发于感冒。

【临床症状】病初有阵发性短而干的咳嗽，咳时有疼痛感，逐渐变为湿咳并伴有呼吸困难症状。听诊肺部有啰音，如果分泌物厚而黏时，可听到捻发音；压诊胸壁疼痛，精神食欲不好。仔猪患此病时，常喜卧而不愿多动，体温往往增高，病情严重的常转为支气管肺炎。如果无并发症，通常7～10天可恢复。若转为慢性支气管炎时，病猪消瘦、咳嗽、气喘，常因极度衰弱而死亡。

【防治措施】

1）保持猪舍干燥清洁、冬暖夏凉，防止猪群拥挤，预防感染。

2）用以下药物消炎及预防并发支气管肺炎。

① 青霉素：每千克体重 1 万～1.5 万单位，用蒸馏水稀释，肌内注射，每天 2 次。

② 10% 磺胺嘧啶钠注射液：首次 30～60mL，肌内注射，以后隔 6～12h 注射 20～40mL。

③ 盐酸土霉素：0.5～1g，用 5% 葡萄糖液溶解，肌内注射，每天 1～2 次。

3）祛痰止咳，可用以下药物。

① 氯化铵、碳酸氢钠各 10g，分为两包，每天 3 次，每次 1 包。

② 复方甘草合剂：10～20mL，每天 2 次。

③ 氯化铵：2～4g，人工盐 10～30g，一次内服，每天 2 次。

六 小叶性肺炎（支气管肺炎）

小叶性肺炎是炎症病灶范围仅局限在一个或一群肺小叶，肺泡内充满卡他性渗出物（血浆、白细胞）和脱落的上皮细胞，因此也称卡他性肺炎，因支气管或细小支气管与肺小叶群同时发病，所以也称支气管肺炎。临床上以弛张热型，呼吸次数增多，叩诊有散在病灶性浊音和听诊有捻发音及咳嗽为特征。

【病因】

1）受冷空气侵袭而感冒，抗病能力降低。

2）猪舍通风不良，特异气体（如氨气、烟气等）被吸入。

3）在特殊情况下，如果有神经症状时，或因饥饿、缺水而抢饲料抢饮相互争夺时，误将饲料或水呛入气管。

4）支气管炎、肺丝虫病、蛔虫病及流感等病也能继发本病。当子宫炎、乳腺炎病原菌转移至肺脏后也能继发本病。

【临床症状】 体温突然升高（40℃以上），呼吸迫促，鼻液初浆性后转稠，常为脓性。咳嗽，初干咳带痛，后变弱，声嘶哑，叩诊胸部即引起咳嗽，肺部听诊有罗音。心跳增速，食欲减退，黏膜发绀。如果肺有坏疽，则呼出气臭，鼻液污灰而臭，鼻液中有弹力纤维。

【病理变化】 肺的前下部散在一个或数个孤立的不同大小的肺炎

病灶，并且每个病灶是一个或一群肺小叶。肺的病灶部组织不含空气，呈暗红色或灰红色，剪取病组织投入水中下沉。新病区呈红色、灰红色，较久的病区呈灰黄色或灰白色，挤压可流出渗出液，肺间质组织扩张，因渗出液浸润而呈胶冻样，支气管充满渗出物，病灶周围可发现代偿性气肿。

【防治措施】注意饲养管理，保持猪圈空气新鲜，防止本病的发生，发现病猪抓紧治疗。

1）用青霉素40万~160万国际单位、链霉素50万~100万国际单位混合肌内注射，12h 1次。

2）用10%安钠咖2~10mL、10%樟脑磺酸钠2~10mL分上、下午交替肌内注射，以促进血液循环，利于肺部渗出物的排泄。

3）如果食欲不好，用50%葡萄糖50~100mL、含糖盐水200~300mL、25%维生素C 2~4mL，静脉注射，每天或隔天1次。

4）制止渗出，也可用5%氯化钙5~10mL或10%葡萄糖酸钙25~50mL，静脉注射，隔天1次。

5）为止咳祛痰，25kg的猪用氯化铵1g、磺胺嘧啶1g、碳酸氢钠1g，以蜂蜜调为糊状做舔剂服用，12h 1次。氯化铵应另调分开服用。

七 大叶性肺炎

大叶性肺炎是整个肺叶发生急性炎症过程，因其炎性渗出物为纤维蛋白性物质，故又称为纤维蛋白性肺炎或格鲁布性肺炎。临床以高热稽留和呈病理的定型经过为特征。

【病因】通常有传染性和非传染性两种。

1）主要由肺炎链球菌引起，存在于肺内的或外界侵入的巴氏杆菌、肺炎链球菌、沙门氏菌、坏死杆菌、大肠支杆菌、支原体、链球菌、葡萄球菌等在病的发生上有重要意义。

2）大叶性肺炎是一种变态反应性疾病，同时具有过敏性炎症。

3）因寒冷而感冒，吸入有刺激性的气体，当机体抵抗力减弱时，也能诱发本病。

4）长途运输，营养不良，圈舍卫生条件不好，抵抗力减弱，导致微生物侵入肺部迅速繁殖也是重要的一种致病因素。

【临床症状】突然发生高热，体温达41℃以上，并稽留6~9天不降，随后降至常温，有的还再升温。精神沉郁，食欲减退，喜钻卧于草窝。眼结膜先发红，后黄染发绀。呼吸困难，腹式呼吸，病重张口呼吸，喘气。频发痛咳，溶解期变为强咳，流脓性鼻液，肝变期流铁锈色或红色鼻液。肌肉震颤。听诊肺部可发现有不同程度的啰音。病程有渗出期（充血水肿期）、红色肝变期、灰色肝变期、溶解期（恢复期）的定型经过。每个阶段平均2~3天，7~8天高温渐退或骤退，全身症状好转。非典型病例常止于充血水肿期，体温反复升高或仅见红黄色鼻液，全身症状不太重。

胸部叩诊充血渗出期呈鼓音或浊鼓音，肺健区或健侧叩诊音为高调。听诊随病程不同而异，充血水肿期肺泡呼吸音增强，干啰音、捻发音、肺泡呼吸音减弱，出现湿啰音；肝变期肺泡呼吸音消失，出现支气管呼吸音；溶解期支气管呼吸音消失，再出现啰音、捻发音。

【病理变化】典型性大叶性肺炎，充血水肿期肺叶增大，肺组织充血水肿，暗红色，质地稍实，切面平滑红色，按压流出大量血泡沫，取小块投入水中半沉，此期持续12~36h。红色肝变期，肺特别肿大，色与硬度如肝，切面粗糙干燥，切小块入水下沉，胸膜表面有纤维素渗出物覆盖，胸腔常有浅黄色纤维素块渗出物，此期约48h。灰色肝变期，肺组织由紫红色变为灰白色或灰黄色，质仍如肝，所以称灰色肝变，切面干燥有小颗粒物突出，切小块入水下沉，此期约48h。溶解期病肺组织缩小，色恢复正常，但仍呈灰红色，切面逐渐湿润，质柔软，切小块投入水中半沉，此期持续12~36h。

【防治措施】

1）注意环境卫生和空气流通，防止猪吸入有害气体，搞好饲养管理，以增强机体抗病能力，减少发病的机会，对病猪应加紧治疗。

2）治疗。

① 青霉素：80万~100万国际单位，链霉素50万~100万国际单位混合肌内注射，12h 1次。或用土霉素每千克体重40mg肌内注射，每天1次，加注增效剂更好。

② 同时用10%安钠咖2~10mL、10%樟脑磺酸钠2~10mL分别

第九章 猪其他普通病的诊治

167

在上、下午交替肌内注射。

③ 为制止渗出，促进炎性产物吸收，用 5% 氯化钙 5 ~ 20mL，或 10% 葡萄糖酸钙 25 ~ 50mL，加 10% 葡萄糖 100 ~ 200mL 静脉注射，每天 1 次。

④ 为促进消散肺部渗出物，用碘化钾 1 ~ 2g 1 次内服，12h 1 次，连用 5 ~ 7 天。

八 中暑

猪对热的耐受力差，长时间在烈日照射下，就会发生日射病，而在潮湿闷热的环境中则易引起热射病。日射病和热射病通常称为中暑。

【病因】猪中暑主要发生在炎热的夏季，猪长时间受烈日照射、长途运输、追赶、过度疲劳及猪舍狭窄、猪多拥挤、通风不良，影响体热散发，都易引起本病发生。

【临床症状】患猪表现突然发病，呼吸急促，心跳加快，体温升高到 42℃ 以上，眼结膜充血，口吐泡沫，兴奋狂躁不安，出汗，走路摇晃，瞳孔放大，卧地不起，如果抢救不及时，常因心脏衰竭而死亡。

【防治措施】

1）夏季猪舍要通风良好，运动场应搭好凉棚。

2）在猪圈或运动场一角设浅水池，经常供给清凉饮水。

3）发现猪中暑时，应立即将患猪移至凉爽通风的地方，并用冷水喷洒头部，剪尾和耳尖放血。静脉或腹腔注射葡萄糖生理盐水 100 ~ 500mL。对精神兴奋的患猪可注射氯丙嗪，每千克体重 2mg。

九 应激综合征

【病因】猪机体受到频繁而短暂的急剧刺激，所表现出来的机能障碍和防御反应，称为猪应激综合征。抓捕、驱赶、运输、运动、寒冷、高温、中毒、麻醉、称重、编群、转群、恐吓、咬斗、创伤、神经紧张、过度疲劳等，均可引发本症。瘦肉型品种出现应激综合征的较多。

【临床症状】患猪表现为体温升高，喘息，心跳加快，肌肉痉挛，皮肤充血和瘀血交替出现并呈青紫色。猪酸中毒时，全身陷入虚脱状态，肌肉严重强直，而后死亡。本病可导致哺乳母猪泌乳减少或无乳，公猪性欲下降。

【防治措施】

1）在生产中，应选育具有抵抗力的品种（品系）与无应激反应的个体作种用。

2）采用营养全面的配合饲料，在饲料中添加含硒维生素 E 和维生素 C，可以抗应激。

3）加强饲养管理，猪舍须清洁、通风、透光，消除引起应激综合征的因素。

4）饲养密度应合理，避免猪混群咬斗。宰前应避免各种刺激。车船运输时不要过密，尽量减少捆扎和鞭打，不要在高温下长途运输。

5）治疗。

① 调整激素失调，可用肾上腺皮质激素，肌内注射。

② 饲料中适量添加碳酸氢钠，可调整体液酸碱平衡，减轻应激反应症状。

✚ 风湿症

猪的风湿症是一种反复发作的急性或慢性非化脓性炎症，以胶原纤维发生纤维素样变性为特征的疾病。它主要侵害猪的背、腰、四肢的肌肉和关节，同时也侵害蹄和心脏以及其他组织器官。临床上以猪关节及周围肌肉组织发炎、萎缩为特征。在寒冷地区和冬季发病率高。

【病因】病因不十分明确，潮湿、寒冷、运动不足、过肥及饲料变换等可能成为诱因。

【临床症状】多见突然发病，患部肌肉紧张疼痛，步态强拘。先从后肢开始发病，遂向腰部及全身扩展。跛行随着运动时间的增加而缓解。关节风湿以肿胀为主，突然发生一至数个关节，以腕关节和膝关节多见，患部有热感，压之疼痛，病猪卧倒后不愿起立。

【防治措施】

1）圈舍内垫草要经常换晒；堵塞圈舍一些破损洞孔，避免猪在

寒冷季节淋雨。

2）患猪可用 2.5% 醋酸可的松注射液 5～10mL，每天 2 次，肌内注射，或用醋酸氢化可的松注射液 2～4mL，于患部关节腔内注射。

十一 湿疹

湿疹是皮肤表层组织的一种炎症，以出现红斑、丘疹、小结节、水疱、脓疱和结痂等皮肤损害为主要特征。

【病因】本病多因猪舍潮湿，昆虫叮刺，皮肤脏污、冻伤，化学药品刺激等引起；猪饲养密度大，患慢性消化不良、慢性肾病及维生素缺乏也可引起本病。

此病发生以 5～6 月份为多。育肥猪发病多于母猪，瘦弱猪比健壮猪易发病。

【临床症状】

（1）急性湿疹　育肥猪、壳郎猪及仔猪易发生。发病迅速，病程 15～25 天，个别的可达 30 天。病猪初在耳根部、面部，以后在颈、胸、腹两侧及内股等部位，甚至全身的皮肤上，出现米粒至豌豆大的丘疹、小水疱或小脓疱。病猪瘙痒摩擦，疹块、水疱和脓疱磨破后流出血样黏液和脓汁，干燥后于破溃处形成黄色或灰、黑色痂皮，病猪精神不佳，食欲减退，消化不良，消瘦。

（2）慢性湿疹　多见于营养不良、体质瘦弱的壳郎猪和母猪。病程 1～2 个月，有的可达 3 个月。病猪精神倦怠，皮肤脱毛、增厚、变硬，瘙痒，有的出现糠麸样黑色痂皮。

【防治措施】

1）猪舍要保持通风、干燥和清洁，光线应充足。

2）饲养密度不宜过大，注意猪皮毛卫生，给猪饲喂富含维生素和矿物质微量元素的饲料。

3）夏、秋季节加强灭蚊除蝇工作。

4）治疗。

① 急性湿疹：首先用 0.1% 高锰酸钾溶液，洗净脓血、痂皮，然后用薄荷脑 1g、氧化锌 20g、凡士林 200g 制成的软膏（也可用水杨酸 1～5g，凡士林 95～99g，制成软膏）涂抹患部。

② 慢性湿疹：除用上述方法治疗外，还可同时静脉注射10%氧化钙或氯化钙、溴化钠注射液，应用抗组织胺制剂（如氯苯那敏、异丙嗪）及肾上腺皮质激素等。

临床上也可试用中药进行治疗，如野菊花、双花、紫花地丁各60g，水煎内服，每天1剂，连用3~4剂；花椒、艾叶、白矾、食盐各50g，大葱250g，煎后洗患部，连用3~4次；艾叶（烧成灰）60g，枯矾6g，共研末，撒布患部；苍术、桑枝、槐枝各100g，水煎后洗患部，每天2次；苍术、白花、黄檗各30g，用水煎服。

十二 母猪产后瘫痪

本病是产后母猪突然发生的一种严重的急性神经障碍性疾病，其特征是知觉丧失及四肢瘫痪。

【病因】本病的病因目前还不十分清楚。一般认为是由于血糖、血钙浓度过低引起，产后血压降低等原因也可引起瘫痪。

【临床症状】本病多发生于产后2~5天。病猪精神极度萎靡，一切反射变弱，甚至消失。食欲显著减退或废绝，躺卧昏睡，体温正常或稍高，粪便干硬且少，以后则停止排粪、排尿。轻者站立困难，重者不能站立。

【防治措施】首先，静脉注射10%葡萄糖酸钙注射液50~150mL和50%葡萄糖注射液50mL，每天1次，连用数次。同时应投给缓泻剂（如硫酸钠或硫酸镁），或用温肥皂水灌肠，清除直肠内蓄粪。其次，对猪进行全身按摩，以促进血液循环和神经机能的恢复。增垫柔软的褥草，经常翻动病猪，防止发生褥疮。

十三 母猪缺乳症

母猪产仔后泌乳少，甚至无乳汁，称为缺乳症，泌乳受神经内分泌的调节，一旦分泌发生紊乱，就会影响泌乳。此外，泌乳的多少，还与遗传有关。

【病因】饲料配合不当、缺乏营养，致使母猪体质瘦弱；精饲料过多、缺乏运动，致使母猪过胖、内分泌失调；母猪早配、早产或猪内分泌不足，严重疾病或热性传染病等，都可引起母猪缺乳。

【临床症状】产后乳房没乳汁或乳量很少。乳房松弛或缩小，挤

不出乳汁或乳汁稀薄如水。

【防治措施】

1）加强饲养管理，给母猪增补蛋白质饲料和多汁饲料。

2）防止仔猪咬伤母猪乳头。如果发现母猪乳头有外伤，应及时治疗以防止感染。

3）保持猪舍干燥卫生，每天按摩母猪乳房数次。

4）治疗。青霉素100万单位，1%普鲁卡因20～50mL，于乳房局部封闭注射。

5）中药催乳：

① 当归30g，王不留行30g，黄芪60g，路路通30g，红花25g，通草20g，漏芦20g，瓜蒌25g，泽兰20g，丹参20g，共研为末，每次喂服60～90g。

② 穿山甲、王不留行各18g，通草、生黄芪各15g，生甘草20g，研为细末，一次喂服。

③ 瞿麦、麦冬、龙骨、穿山甲、王不留行各18g，研为细末，拌食喂服。

④ 当归30g，瓜蒌1个，白芷15g，知母12g，连翘12g，双花、穿山甲各15g，通草6g，王不留行、甘草各15g，共为细末，一次喂服。

⑤ 王不留行20g，通草、穿山甲、白术各9g，白芍、当归、黄芪、党参各12g，研为细末，一次喂服。

6）因猪体肥胖而致缺乳的，可选用下方：

① 炒苏子12g，炒莱菔子12g，元胡9g，当归12g，川芎12g，穿山甲9g，炒王不留行24g，花粉9g，香附9g，水煎，一次内服。

② 鲜柳树皮250g，木通15g，当归30g，水煎，一次灌服。

7）因猪内分泌机能失调而致缺乳的，可用以下药物和方法治疗：

① 己稀雌酚2～4mL，肌内注射，连用7～8天。

② 人绒毛膜促性腺激素500～1000单位，用生理盐水2mL稀释，肌内注射，每7天1次，连续注射数次。

十四　母猪无乳综合征

母猪无乳综合征，又称泌乳失败、产褥热、毒血症性无乳症等，是一种遍及全球性的疾病，是产后常发病之一。临床特征是产后 12 ~ 24h 发病，少乳或无乳，厌食，沉郁，昏睡，发热，无力，便秘，排恶露，乳腺肿胀，对仔猪感情淡薄。

【病因】据有关介绍，导致本病的原因有 30 多种，如应激，激素不平衡，乳腺发育不全，细菌感染，管理不当，低钙症，自身中毒，运动不足，遗传，妊娠期、分娩时间延长，难产，过肥，麦角中毒，适应力差等，而其中以应激、激素失调、传染因素和营养及管理四大因素为主要因素。

【临床症状】母猪食欲不振，饮水极少，心跳、呼吸加快，常昏迷。体温常升至 39.5 ~ 41℃，若最初体温高于 40.5℃，往往随后出现严重疫病和毒血症。有的不愿站立或哺乳，粪便减少、干燥。

泌乳失败最重要的症状之一是对仔猪感情淡薄。对仔猪尖叫和哺乳要求没有反应。仔猪因无乳饥饿而焦躁不安，不断围绕母猪或在腹下找奶和鸣叫，或沿圈转喝尿及水。即使母猪允许哺乳也吃不到奶。如果转为慢性过程，仔猪因饥饿低血糖表现孱弱、消瘦，甚至死亡（卧于母猪旁易于被压死）。有的母猪常趴卧，将乳房压在腹下，不让仔猪吃奶，这一现象可增强泌乳失败的判断。仔猪接近时母猪后退发出鼻呼吸音或咬伤仔猪。

触诊乳房可发现多个乳腺变硬，严重时整个乳腺包括周围组织变硬，触诊留有压痕。白皮猪显潮红，按压有痛感，乳汁分泌下降、变黄、浓稠，有的为水样碎组织，患病猪乳腺逐渐退化、萎缩。

【病理变化】因乳腺炎引起的泌乳失败，可见乳房变硬，乳房周围浮肿扩展到腹壁，有炎性病灶，坏死或初期脓肿（皮肤暗红，切面有脓汁流出），乳腺小叶间可看到浮肿，乳房淋巴结因水肿而充血肿大。子宫松弛、水肿，子宫腔内储有液体。可见到急性子宫内膜炎，卵巢小，生殖器官重量减轻。肾上腺因皮质机能亢进而肥大。

【防治措施】

1）应避免应激因素，在分娩前后不要更换饲料，猪舍保持清洁干燥、空气流通、没有噪声、分娩前后的日粮应精粗搭配，母猪不宜过肥，临产前应多给饮水和喂给多汁饲料，并让母猪适当运动，避免发生便秘。

2）用 12 份硝酸钾、4 份乌洛托品、1 份磷酸氢钙混合均匀，在产仔前 1 周每天喂 2 次（共 28g），可抑制乳房充血，增加母猪食欲。

3）治疗。

① 对初生仔猪，可移交给其他母猪代养，为避免母猪不认代仔猪，可用母猪阴道分泌物或尿液涂在仔猪身上，使母猪认同代养。

如果无母猪代养，可暂由人工饲喂，在第一周每 1～3h 喂 1 次，以后每 8～12h 喂 1 次，每天饲喂量为仔猪体重的 10% 左右，不要把仔猪喂得过饱。如果发生腹泻，乳量减少 1～2 天，并在乳中添加抗生素。

在治疗期间，应让仔猪留在母猪身边，让其吮吸母猪乳头，以刺激母猪恢复放乳。

② 用催产素 30～40 国际单位肌内注射、皮下注射或静脉注射 20～30 国际单位，隔 3～4h 1 次。配合用己烯雌酚 3～10mg 肌内注射。如注射加氢化泼尼松 10～20mg 肌内注射或倍他米松 3.5～10mg（或地塞米松 4～12mg）口服，则可加强治疗效果。

③ 用青霉素 80 万～160 万国际单位和 10% 磺胺甲唑 10～20mL 分别肌内注射，12h 1 次。

④ 必要时，在绝食后用食糖盐水 1000～1500mL、50% 葡萄糖 100～120mL、10% 樟脑磺酸钠 10～20mL、25% 维生素 C 4～6mL 静脉注射，每天 1 次。

十五 母猪子宫内膜炎

【病因】母猪子宫内膜炎是其子宫内膜发生炎症的疾病。主要原因是人工授精时不遵守卫生规则，器皿和输精管消毒不严，使母猪子宫内发生感染；母猪难产时，手术助产不卫生也可感染。另外，子宫脱出、胎衣不下、子宫复旧不全、流产、胎儿腐败分解、死胎存留在子宫内等，均能引起子宫内膜炎。

【临床症状】患猪主要表现为拱背，努责，从阴门流出液性或脓性分泌物，重病例的分泌物呈污红色或棕色，并有恶臭味，站立走动时向外排出，卧下时排出更多。急性病例表现为体温升高，精神沉郁，食欲不振，不愿给仔猪哺乳，有的患猪发情不正常，发情时流出更多的炎性分泌物，这种猪通常屡配不孕，偶尔妊娠，也易引起流产。

【防治措施】

1）猪舍保持清洁干燥，母猪临产时要调换清洁垫草，在助产时严格注意消毒，操作要轻巧细微，产后加强饲养管理，人工授精要严格进行消毒。在处理难产时，取出胎儿、胎衣后，将抗生素装入胶囊内直接塞入子宫腔，可预防子宫炎的发生。

2）发病治疗时用10%氯化钠溶液、0.1%高锰酸钾液、0.1%雷弗努尔、1%明矾液、2%碳酸氢钠，任选一种冲洗子宫，必须把液体导出，最后，注入青霉素、链霉素各100万单位。对体温升高的患猪，用安乃近10mL或阿尼利定10~20mL，肌内注射；用青霉素、链霉素各200万单位，肌内注射。

十六 乳腺炎

【病因】乳腺炎是由病原微生物侵入乳房引起的炎症病变。主要由于母猪腹部下垂接触粗糙地面，在运动中容易擦伤乳房而感染发炎，或因猪舍潮湿，天气寒冷，乳房冻伤，仔猪咬伤乳头等细菌感染而发炎。另外，在母猪产前产后，突然喂给大量多汁和发酵饲料，使乳汁分泌过多，积聚于乳房内，也易引起乳腺炎。

【临床症状】患猪一个乳房和几个乳房同时发生肿胀、疼痛，当仔猪吃乳时，母猪突然站立，不让仔猪吃乳。诊断检查乳房时，可见乳房充血、肿胀，触诊乳房发热、硬结、疼痛，挤出乳汁稀薄如水，逐渐变为乳清样，乳汁中有絮状物。患化脓性乳腺炎时，挤出的乳汁呈黄色或浅黄色的絮状物。脓肿破溃时，流出大量脓汁。患坏疽性乳腺炎时，乳房肿大，皮肤紫红色，乳汁红色，并带有絮状物和腥臭味。严重病例，母猪精神不振，食欲减退或废绝，伏卧不起，泌乳停止，体温升高。

【防治措施】

1）哺乳母猪舍应保持清洁干燥，冬季产仔应多垫柔软干草，仔猪断乳前后最好能做到逐渐减少喂乳次数，使乳腺活动慢慢降低。

2）母猪发病后，病初用毛巾或纱布浸冷水，冷敷发炎局部，然后涂擦10%鱼石脂软膏；对体温升高的病猪，用安乃近10mL或阿尼利定10~20mL，肌内注射；用青霉素、链霉素各200万单位，肌内注射，每天2次，连用2~3天。乳房脓肿时，必须成熟之后才可切开排脓，用3%过氧化氢或0.3%高锰酸钾液冲洗脓腔，之后，涂紫药水和消炎软膏。

十七 新生仔猪低血糖症

新生仔猪低血糖症是血糖大幅度降低所引起的一种仔猪代谢病，以明显的神经症状和低血糖（其血糖含量比同日龄的健康仔猪低33.3～41.5倍）为特征。本病多发于出生后1～4天的仔猪，可造成全窝或部分仔猪发生急性死亡。

【病因】 发病原因比较复杂，如母猪妊娠后期饲养管理不良，母猪产后感染发生子宫炎等，均能引起缺奶或无奶。若仔猪患大肠杆菌病或先天性肌阵挛病，无力吃奶等，均可引起低血糖。

【临床症状】 一般在生后第二天发病，患猪突然四肢无力或卧地不起，卧地后有角弓反张，瞳孔放大，口角流出白沫，此时感觉迟钝或消失，最后昏迷而死。

【病理变化】 肝脏变化最特殊，呈橘黄色，边缘锐利，质地像豆腐，稍碰即破，胆囊肿大，肾呈浅黄色，有散在的红色出血点。

【防治措施】

1）加强母猪的饲养管理，防止仔猪受寒与饥饿。

2）治疗时，腹腔注射5%葡萄糖5～10mL，或喂给糖水。应争取早期治疗，晚期治疗不见效果。并要及时解除母猪缺奶或无奶的原因，如果是由母猪营养不良引起的，要改善饲料，若是母猪感染所致，应用消毒药。

十八 新生仔猪溶血症

新生仔猪溶血症又称仔猪溶血性黄疸，是由于血型不合而配种所引起的一种免疫性疾病。本病多发生个别窝仔猪中，刚出生仔猪吃奶不久引起血细胞溶解，死亡率达100%。

【病因】 本病是由母猪的血型与仔猪不同而引起的。

【临床症状】 仔猪出生后全部情况良好，一切正常。吃初乳后数小时至十几小时发病。整窝仔猪发病，白色猪可见全身苍白黄染，病猪停止吮奶，精神委顿，怕冷，震颤，被毛粗乱，衰弱，后躯摇晃。最明显的症状为黄疸，在眼结膜可见到呈显著黄色。尿透明，呈红棕色，或暗红色，体温正常，心跳及呼吸次数增加，一般经24~50h死亡。但该母猪代为喂乳的其他窝仔猪发育良好，不发病。

【病理变化】 全身黄染，肝呈不同程度的肿胀，脾褐色，稍肿大，肾肿大而充血，膀胱内积贮暗红色血液。

【防治措施】

1）已发现此病的母猪改用与上次配种公猪不同血统的公猪配种，可以不再重复出现此病。

2）仔猪发病后，迅速寄奶于其他母猪，或用人工哺乳，一般经3天后症状逐渐减轻，15天后黄疸症状全部消失。如果有产仔期相近的母猪，而两母猪均很温顺，可以采取整窝猪调换带乳。目前在治疗上尚无良药。

十九 仔猪贫血症

仔猪贫血症是指15日龄~1月龄哺乳仔猪发生的一种营养性贫血病。多发生于寒冷的秋末、春初季节，特别是猪舍为木板或水泥地面而又不采取补铁措施的猪场，常大批发生，造成严重的损失。

【病因】 主要由于缺乏铁、铜、钴等微量元素，尤其是缺乏铁元素所造成的。仔猪出生后生长速度非常快，生后4周体重可以增长7倍，每天需要营养铁10mg左右。但从母乳中获得的铁是微乎其微的，再动用肝脾中贮存的少量的铁仍不能满足生长的需要。因此，这时容易发生缺铁性贫血。仔猪吃到饲料后，可以从饲料中获得足够的铁，此后就不容易发病。

【临床症状】 患病仔猪一般外表肥壮，但精神委顿，心搏亢进，呼吸增快，气喘，在运动后更为明显，眼结膜、鼻端及四肢的颜色苍白，常可出现突然死亡，或由于并发肺炎而死亡。当病程进一步发展，患猪精神更加委顿，被毛粗乱，眼结膜苍白，往往有轻度黄疸现象，有的发生下痢，对这样的仔猪进行治疗，常不见效果，即使不死，将来生长速度也明显慢于健康猪。

【病理变化】 血液稀薄如红墨水样，肌肉颜色变化，胸腹腔内常有积液。心脏扩张，质松软，肝肿大。

【鉴别诊断】

(1) 仔猪贫血症与仔猪低血糖症的鉴别 二者均有精神不振，

被毛粗乱，吸乳能力下降，消瘦等临床症状。但二者的区别在于：仔猪低血糖症在出生第二天发病，站立时头低垂，走动时四肢颤抖，心跳慢而弱，之后卧地不起，最后出现惊厥、流涎、游泳动作，眼球震颤；血糖由正常的 7.84 ~ 9.84mmol/L 下降到 0.24mmol/L。

（2）仔猪贫血症与仔猪溶血病的鉴别　二者均有精神不振，被毛粗乱，吸乳能力下降，贫血，消瘦等临床症状。但二者的区别在于：仔猪溶血病一般表现为初生仔猪活泼健壮，吃初乳后 24h 内即发生委顿、贫血、血红蛋白尿；剖检可见皮下组织明显黄染；实验室检查，血红蛋白 5.8%，红细胞 310 万个/mm³，红细胞直接凝集反应阳性。

（3）仔猪贫血症与猪附红细胞病的鉴别　二者均有精神不振，被毛粗乱，贫血，消瘦等临床症状。但二者的区别在于：猪附红细胞病多发于 1 月龄左右仔猪，体温高（40 ~ 42℃），便秘、下痢交替出现，呈犬坐姿势，全身皮肤发红后变紫，采血后流血持久不止；血滴在油镜下镜检，可见到圆盘状球形、半月状做扭转运动的虫体，附着于红细胞即不运动，使红细胞成为方形、星芒形。

（4）仔猪贫血症与猪毛首线虫病的鉴别　二者均有精神不振，被毛粗乱，贫血，消瘦等临床症状。但二者的区别在于：猪毛首线虫病常为 2 ~ 6 月龄猪多发，精神沉郁，食欲减退，日渐消瘦，体重减轻，结膜苍白，顽固性下痢，粪便带黏液，并夹有红色血丝，或呈棕红色的带血粪便；随着下痢的发生，病猪瘦弱无力，弓腰吊腹，步行摇摆，食欲消失，渴欲增加，最后衰竭死亡；粪检有虫卵。

【防治措施】

1）预防仔猪缺铁性贫血，关键是给仔猪补铁，生后几小时内给仔猪投服铁的化合物以满足需要。用硫酸亚铁 2.5g、硫酸铜 1g、氯化钴 0.2g，溶于 1000mL 水中，用纱布过滤，装入瓶中，待猪吃奶时，用干净棉花蘸液刷在母猪的乳头上，让仔猪吃奶时吸入，也可供仔猪饮用。

2）用肌内注射的方式补铁，对 3 日龄的仔猪肌内注射右旋糖酐铁钴注射液 2mL，一般一次即可，必要时隔周再注射一次。

附录　常见计量单位名称与符号对照表

量 的 名 称	单 位 名 称	单 位 符 号
长度	千米	km
	米	m
	厘米	cm
	毫米	mm
面积	平方千米（平方公里）	km^2
	平方米	m^2
体积	立方米	m^3
	升	L
	毫升	mL
质量	吨	t
	千克（公斤）	kg
	克	g
	毫克	mg
物质的量	摩尔	mol
时间	小时	h
	分	min
	秒	s
温度	摄氏度	℃
平面角	度	(°)
能量，热量	兆焦	MJ
	千焦	kJ
	焦［耳］	J
功率	瓦［特］	W
	千瓦［特］	kW
电压	伏［特］	V
压力，压强	帕［斯卡］	Pa
电流	安［培］	A

参考文献

[1] 陈宝库. 猪病防治技术 [M]. 北京：中国农业科技出版社，2010.

[2] 席克奇，孙宝莹，兴长健，等. 猪疑难病鉴别诊断与防治 [M]. 北京：科学技术文献出版社，2008.

[3] 席克奇，丁加刚. 家庭养猪疑难问答 [M]. 北京：科学技术文献出版社，2004.

[4] 董蠡. 实用猪病临床类症鉴别 [M]. 北京：中国农业出版社，2004.

[5] 吴家强，王金宝. 猪病防治专家答疑 [M]. 济南：山东科学技术出版社，2003.

[6] 孙守本. 猪病防治技巧 [M]. 济南：山东科学技术出版社，1996.

[7] 计伦. 猪病诊治与验方集粹 [M]. 北京：中国农业科技出版社，1998.

[8] 刘红林，吕艳丽. 现代养猪大全 [M]. 北京：中国农业出版社，2001.

[9] 陈学风. 猪病防治 [M]. 2 版. 北京：中国农业出版社，2009.

[10] 刘洪云，李春华. 猪病防治技术手册 [M]. 上海：上海科学技术出版社，2009.

[11] 王振玲. 猪病防治 [M]. 北京：中国农业大学出版社，2013.

[12] 来景辉. 猪病诊断与防治实用技术 [M]. 北京：化学工业出版社，2012.